适应力

☑ 你可以不怕改变

张　旭 ◎ 编著

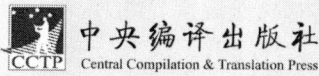

中央编译出版社
Central Compilation & Translation Press

图书在版编目(CIP)数据

适应力:你可以不怕改变 / 张旭著. -- 北京:中央编译出版社,2014.1
ISBN 978-7-5117-1975-1

Ⅰ.①适… Ⅱ.①张… Ⅲ.①成功心理-通俗读物
Ⅳ.①B848.4-49

中国版本图书馆 CIP 数据核字(2013)第 300752 号

适应力:你可以不怕改变

出 版 人:刘明清
出版统筹:薛晓源
策划编辑:黄海明
责任编辑:韩继海
责任印制:尹　珺
出版发行:中央编译出版社
地　　址:北京市西城区车公庄大街乙 5 号鸿儒大厦 B 座邮编:100044
电　　话:(010)52612345(总编室)(010)52612313(编辑室)
　　　　　(010)66161011(团购部)(010)52612332(网络销售)
　　　　　(010)52612316(发行部)(010)66509618(读者服务部)
网　　址:www.cctpbook.com
经　　销:全国新华书店
印　　刷:北京建泰印刷有限公司
开　　本:710 毫米×1000 毫米　1/16
字　　数:170 千字
印　　张:16.5
版　　次:2014 年 1 月第 1 版第 1 次印刷
定　　价:35.00 元

本社常年法律顾问:北京市吴栾赵阎律师事务所律师　闫军　梁勤
凡有印装质量问题,本社负责调换。电话:(010)66509618

前言
PREFACE

1

我们从出生就和这个世界互动着,每个人都有一套属于自己的同世界相处的运作程序和系统,慢慢地我们就形成了一套固定的思维模式。这个模式决定我们怎样看待问题,如何思考问题以及成为什么样的人。

总结起来,人形成的固定思维模式主要来源于三个方面:

第一,是自然世界。这主要是从我们的感官体验而来。比如说,你小时候被蛇咬了可能你一辈子都会害怕蛇。

第二,是概念模式。这主要是来自于我们从别人那里获得的信息或受到的教育,是社会与文化对我们作用的结果。比如说,你把狗、猫、兔子归入动物一类,把草、树、花归为植物一类。

第三,是逻辑推论和归纳。这方面的思维定式,主要来源于我们的人生经历。比如说,生活在和睦家庭的孩子,容易得出一个所有家庭都是幸福美满的结论;再比如说,一个人只见过长两条腿的鸡就得出世上没有长三条腿的鸡的结论。

这些体验、经历、教育环境、生活环境,决定了我们的思维模式,而这种思维模式也就决定了我们未来的命运,就好像命运早就安排好了一样,让人无可奈何。

2

当然,并不是说既定的思维模式就是错的,思维模式没有对错之分,只有是否有用之别。

打个比方,若是你不小心落入了瀑布下的漩涡流中间,如果你尽全力游向岸边,当你的力量被耗尽的时候,你就会被吸入漩涡底部而死;而如果你向漩涡中心游去,潜入底部再游出来,就可以轻而易举地逃生。如此看来,落水后游向岸边的想法是对的,但是,在漩涡里的时候这种做法却是致命的。

有时候,即便是被我们奉为真理的思维模式也有其局限性。在不断发展、日新月异的生存领域里,有些人在进入"漩涡"里后,仍然用过去"往岸边游"的方式游泳,最终只能徒劳无功。

事实上,这个世界唯一不变的就是变化。在这个竞争激烈的社会里,成功其实没有固定的模式。许多时候,我们换一种思路就会发现一个崭新的天地。

我们生活的这个世界,任何时候都需要新的想法、新的做事方法、新的领军人物、新的发明、新的形式,以及各种各样的新变化。对于更新更好的事物的追求,就需要你掌握一种能力——适应能力。

3

然而,你知道怎样改变,如何去适应吗?

比如说,想换工作,却找不到职业方向,此时的你是否觉得异常迷惘?

比如说,生活中你是否曾因无力说服别人而懊丧?是否曾被别人牵着鼻子走而浑然不觉?此时的你是否觉得异常沮丧?

再比如说,事业失败、失去高级职位、失去房子、甚至失去亲人伴侣……这样的改变是否让你痛不欲生,感觉陷入了绝境?

……

本书从语言交际、做人处世、工作、外部环境、内部心态等几个方面,对"适应力"提出了明确具体、详细可操作的方法,教会你改变时应具有的心态和如何行事。书中大量的案例都在告诉你:你可以不用惧怕改变——这是每个人都应该拥有的适应力手册!

每一位对生活依然充满憧憬的人,都可以通过本书中的方法找到自我调整的方向;每一位对生活存有迷惘的人,都可以随时翻开这本书,好好聆听一堂人生问题处理课;每一位渴望成功和幸福的人,都应该拿起这本书,帮助思考自己在当下与未来的可能处境,激发自身潜在的巨大能量!

目录
CONTENTS

第一章　改变你的说话方式,迎合他人的直觉判断 ………………………… 1

　　许多时候,机会只有一次。你并没有太多的机会让他人了解你。很多人在期待自己的优点"以后"可以慢慢被人发觉时,才发现根本就不存在什么"以后"。因为人家在看你第一眼的时候,就已经把你否定掉了。

　　所以,在处事中,要想获得别人对你的良好态度,首先就要学会改变自己的一些语言方式和一些做事习惯,以便给别人一个良好的外部形象,让他人真心地认可你。

1. 给别人一个良好的第一形象,让他人真心认可你 …………………… 2
2. 学会婉转地表达自己的意思,从次要的说起 ………………………… 4
3. 你越是卖关子,对方越对你的话感兴趣 ……………………………… 7
4. 不要让对方有过多的考虑时间 ………………………………………… 10
5. 多给别人贴一些好的"标签",对他人有积极的暗示 ………………… 12
6. 给对方一颗"糖衣苦药",冲淡他的抗拒心理 ………………………… 16
7. 拒绝别人时,应该体现出良好的品德和修养 ………………………… 19
8. 顾及他人面子,尽可能帮他人走出尴尬的境地 ……………………… 22
9. 先把自己的姿态放到最低,即使失败也可立于不败之地 …………… 26
10. 沉默是金,更是一种倾听的技巧和智慧 ……………………………… 28

第二章　改变你的做人方式,适应纷繁复杂的人际关系 ……………… 32

> 做人难,做一个成功的人更难,难就难在如何去适应周围纷繁复杂的人际关系。
>
> 改变自己,学会做一个达观的人,既是一种人生修为,也是一种对于人生的理解。每个人都必须时时调整自己,以一个合理的心态去适应人际关系。

1. 隐藏自己,学会自我保护 …………………………………………… 33
2. 低调做人,不要把自己的精力浪费在无谓的人际斗争中 ………… 37
3. 具备"忍"的涵养,戒除愤怒和嚣张 ………………………………… 40
4. 降低标准,是解决人生难题的一把钥匙 …………………………… 42
5. 得意忘形是摧毁心智的利器 ………………………………………… 44
6. 可以做错事,但一定要勇于面对真实的自我 ……………………… 46
7. 懂得换位思考的人才是聪明睿智的人 ……………………………… 48
8. 求人不丢人——放下"不必要"的面子,解决问题才是首要 …… 52
9. 相信就是力量,信任帮你赢得好人缘 ……………………………… 56
10. 培养维护交情的好习惯 …………………………………………… 61

第三章　改变你的处世方法,适应高效运转的社会 ……………… 66

> 当今社会,在人与人的交往中,若不懂处世的方法,必定会处处碰壁,遭遇事业和人生的失败。
>
> 若想在这个复杂的社会生存、发展、取得成功、并且过得幸福,必要时我们应改变一下自己的处世方法。

1. 先考虑自己是否让人喜欢,而不是考虑自己喜欢什么样的人 … 67
2. 善于把握时机,适度地关心他人 …………………………………… 69
3. 交朋友要学会具体问题具体分析 …………………………………… 74

4. 你可以比别人聪明,但不要让对方知道 …………………………… 77
5. 饶舌的人走到哪里都不会受欢迎 …………………………………… 79
6. 交浅言深是不成熟的典型表现 ……………………………………… 80
7. 高度重视礼节和修养 ………………………………………………… 82
8. 豁达地做人,圆融地处事 …………………………………………… 90
9. 对冷落你的人也要报之以笑脸 ……………………………………… 95
10. 尽量不要与人结怨 …………………………………………………… 98

第四章 改变你的思维方式,变通是成功的试金石 …………………… **105**

  莫里哀曾说:"变通是才智的试金石。"世间万物都在变,没有变化,自然会落后,就会无法生存。事变我变,人变我变,适者方可生存,成功离不开变通。

  拥有了好的思路,才能够在迷雾中看清目标,在众多资源中发现自己的独特优势。即使身陷困境,也能保持清醒的头脑,找到解决问题的方法。

1. 善于改变思路的人,总能在困境中找到突破的办法 ……………… 106
2. 不做害怕变化的"恐龙族" ………………………………………… 109
3. 学会转换思路,不要一条路走到黑 ………………………………… 112
4. 摸着石头过河,培养举一反三的能力 ……………………………… 117
5. 剥离表象,去思考事物的内在 ……………………………………… 118
6. 正向思考是一种强大的力量 ………………………………………… 121
7. 创新能力是最大的竞争力 …………………………………………… 126
8. 不要两次走进同一条死胡同 ………………………………………… 127
9. 我们需要注意细节 …………………………………………………… 130
10. 多吸收别人的成功经验,来指导自己的奋斗历程 ………………… 134

第五章　改变你的工作态度,天堂和地狱就在一念之间 ……… 137

> 工作体现了我们面对人生的态度,决定着我们快乐与否。如果你视工作为一种乐趣,人生就是天堂;如果你视工作为一种负担,人生就是地狱。事实上,天堂还是地狱就在你的一念之间,何去何从都由自己决定。

1. 工作若缺乏激情,任何事业都不可能成功 ……………… 138
2. 减少抱怨,努力改变 ……………………………………… 143
3. 换位思考,真诚地感激你的老板 ………………………… 147
4. 只有卑微的心态没有卑微的工作 ………………………… 154
5. 不要仅为薪水而工作,做个"物超所值"的员工 ……… 156
6. 吃亏并非都是坏事——多做份外的工作 ………………… 158
7. 摒弃"投机取巧"的坏习惯,勤恳工作才是最高尚的 … 160
8. 做事脚踏实地,杜绝眼高手低 …………………………… 163
9. 学会安静防守,尽可能远离办公室斗争 ………………… 165
10. 理性地接受工作中的不完美 …………………………… 169

第六章　改变不了环境,就学会改变自己去适应环境 ……… 174

> 一个人要想有好的环境,必须先优化自己的"主观环境",克服自己的弱点和缺陷。如果置身于不如意的环境中,不要无谓地埋怨,而应主动乐观地创造条件,赢得转机。

1. 适应环境远比改变环境要容易得多 ……………………… 175
2. 如果每个人都从改变自己开始,环境也会跟着改变 …… 177
3. 改变自己去适应别人,才是走向成熟的标志 …………… 179
4. 艰难的环境既能毁灭人,也能造就人 …………………… 182
5. 一个人的成就与他战胜困难的能力成正比 ……………… 185

6.突出优点,正视缺陷,善于自我定位 …………………………… 187

7.打破劣势局面,创造新的优势 …………………………………… 190

8.居安思危,不断学习才能跟上时代潮流 ………………………… 195

9.与其不尝试而失败,不如尝试了再说 …………………………… 201

10.坚持下去,上帝会在最后一秒让你成功 ……………………… 209

第七章 心态的适应,才是真正的适应 …………………………… 213

如果你渴望健康和美丽；如果你珍惜生命里的每一寸光阴；如果你愿为这个世界增添美好和欢乐；如果你即使倒下也要面向太阳。那么,无论外界如何起伏,都请保持一份好心境。只有心态的适应,才是真正的适应。

1.欢乐和痛苦从来就是一体 ………………………………………… 214

2.简单生活才是幸福的真谛 ………………………………………… 215

3.心灵的自在,才是最大神通 ……………………………………… 220

4.世上没有绝望的处境,只有对处境绝望的人 …………………… 221

5.你自身的价值取决于你自己的定位 ……………………………… 229

6.从得到中失去,就能从失去中获得 ……………………………… 236

7.改变看问题的角度,活得更精彩 ………………………………… 238

8.你若希望掌握未来,就必须活在当下 …………………………… 240

9.信念是人生恒久的罗盘 …………………………………………… 244

10.学会取舍,学会放下,生活由此不同 …………………………… 248

□ 第一章

改变你的说话方式，迎合他人的直觉判断

　　许多时候，机会只有一次。你并没有太多的机会让他人了解你。很多人在期待自己的优点"以后"可以慢慢被人发觉时，才发现根本就不存在什么"以后"。因为人家在看你第一眼的时候，就已经把你否定掉了。

　　所以，在处事中，要想获得别人对你的良好态度，首先就要学会改变自己的一些语言方式和一些做事习惯，以便给别人一个良好的外部形象，让他人真心地认可你。

☑ 适应力——你可以不怕改变

1.给别人一个良好的第一形象,让他人真心认可你

很多时候,,他人只需看一眼你的外在形象,就能够决定是否与你交往。这便是我们常说的"先入为主"的心理在起作用。人们往往习惯通过自己第一眼获得的信息来判断他人。也就是心理学上常说的"第一印象"。

第一印象的的好坏,在成功的道路上虽然不能起到一锤定音的决定性作用,但是却会产生很大影响。

前几天,刘丽和李梅聊天时,聊到一位共同认识的一家公司的老板。李梅说:"我很讨厌他这种人,仗着自己有点钱就很霸道,对员工一点都不好。公司一共就那么几个人,还真以为自己是大老板。整天训斥下属的人,没有人能跟这样的人处理好关系!"

刘丽听到后,愣住了。因为这个老板跟她比较熟,而且关系也不错。她一直认为他是个温和、有风度、讲义气的男人,而且他和妻子的感情也非常好。

刘丽问李梅,怎么会对他有这样的看法。李梅说:"一次到他们单位找一个人,路过他的办公室时,看见他正在对一个员工气势汹汹地咆哮,那个样子很吓人啊!"

刘丽说:"每个人都有发脾气的时候。大概你看到的一幕是因为员工工作上出了大问题,真的惹他生气了。"

李梅也点点头,说:"可能吧,但我很讨厌对员工发脾气的老板。没办法,反正我对他是没有什么好感。"

李梅就因为看到了一幕老板对员工发火的情景,就断定这个老板不好相处,而且这个糟糕的第一印象恐怕很难改变了。

第一章
改变你的说话方式,迎合他人的直觉判断

虽然人们常说不能"以貌取人",但是真正接触某个人的时候,往往会本能地以貌取人。通过第一眼搜集到的信息来判断这个人的个性、品质、习惯等,以决定自己是否与之相处。尽管很多人都声称"第一印象不可信",但是在他们的头脑中已经形成的判断,是在短时间内无法轻易抹掉的。所以,人们也常说"这个人我一看,就知道他是一个什么样的人"。

那么,他人在跟你初次接触时,是如何对你进行判断的呢?诚然,眼缘起着关键的作用。从心理学的研究来看,他人对你的判断55%取决于你的外表——包括服装、个人面貌、体形、发色等;38%是自我表现,包括语气、语调、手势、站姿、动作、坐姿等;只有7%才是你讲话的内容。

心理学家还发现,当我们走进一个陌生的环境,人们立刻会凭直觉对你进行至少10条总结:你的年龄、经济条件、教育背景、社会背景、精明老练度、可信度、婚否、家庭出身、成功的可能性、艺术修养、健康状态等。

人们总是坚信第一印象,而宁可忽视后来的认识。这就是心理学所说的"首因效应"。初次见面的基调决定了印象,以后再想改变别人对自己的看法,那是很难的。

对于那些自己看着就不舒服的人,人们往往会敬而远之;相反,如果对方在自己的审美范畴之内,便会对其产生好感。有的人吃了形象的亏,有的人却占了形象的便宜。比如《三国演义》中大才子庞统准备效力东吴,面见孙权。孙权见庞统相貌丑陋,心中先有不快,又见他目中无人,便将其拒之门外。

有个24岁的女孩,毕业于某所名牌大学。她已整整找了一年工作,但都没音信,而且每每在第一关就被刷下来了,她一直搞不懂为什么。

没有办法,她只好去请求职业规划师的帮助。规划师第一眼看到她,就已经发现了问题出在什么地方。因为女孩将自己打扮成了一个邻家小女孩的模样:长长的头发顺肩而下,粉色蕾丝边的短裙刚刚过膝,显得十分可爱,也十分幼稚。

在规划师的建议下,女孩将发型做了改变,盘了个发髻在头上;简单的

适应力——你可以不怕改变

淡米色短款衬衫,搭配离膝10公分的浅褐色A字裙,再配上咖啡色的皮鞋,加上淡雅的妆容,整体显得端庄中带有亲和力。女孩由一个邻家女孩,成功地转型成典雅端庄的白领女性,整个人马上就显得精明干练。经过这样的外形改变,女孩去面试,居然10家企业有9家都看中了她,而且开出了很好的条件,连她自己也不敢相信。

从心理学的角度来看,人们普遍喜欢那些穿着得体,为人热情、友好、宽厚、祥和的人,而厌恶那些穿着不得体,表现得缺乏修养、尖刻、好战、征服欲望强烈、自私自利的人。了解了这些,你就可以知道与人相处的时候,该注意哪些,以便给人留下良好的第一印象。也就是说,你想在别人心里留下一个什么样的印象,就应该把自己打造成什么样子。他人会因为你"看起来就像个能干的人",而认为你是个能干的人。

所以,要想在别人心里留一个好的印象,就应注意自己与对方初次见面时的言行举止。不要总是想着"路遥知马力,日久见人心",或是自我安慰地认为"真人不露相",将第一印象不当一回事,否则你将会错失很多机会。

2.学会婉转地表达自己的意思,从次要的说起

中国人往往情绪反应比较激烈,一言不合,就可能翻脸。在沟通的时候,我们不能确保每一句话都说得很妥当,但至少从第一句话开始就注意措辞,以诚恳的语气来使对方了解我们不会采取敌对或者让对方没有面子的方式来进行沟通。这样,对方才会逐渐放松。

第一句话就引起对方的戒心,使他觉得自己可能会吃亏,或者会失了面子,他就会采取躲避的策略;躲不开的时候,也会且战且走。一旦对方想"溜"想"躲",必然不可能获得圆满的结果。

第一章
改变你的说话方式,迎合他人的直觉判断

中国人说话很少开门见山,总是先寒暄一番,看看对方的反应如何。如果对方心情不错,才可进行进一步沟通。如果没说两句话,对方就很不耐烦,甚至端茶送客,那你就算有再重要的事也要等一等,因为此时多说无益。"话不投机半句多"便是此理。

有人可能认为中国人的寒暄是在浪费时间,有正事不说,非要在无关紧要的事上浪费唇舌,是不分轻重的表现。其实,他们根本不懂寒暄的妙处。东拉西扯,说一些没有用的寒暄话,目的在于了解对方的情绪状态,并且产生稳定对方情绪的作用。不急着讲,先摸清楚情况再说,乃是上策。

你可以先说次要的,再说主要的,让对方慢慢转变想法。将自己的真实意图隐藏起来,先谈谈别的事情,增强彼此的亲近感,待消除隔阂后再慢慢将话题引向自己的看法或者是建议,最终顺利地达到预期的目的。

三国时期,刘备有位甘夫人,是个很会说话的女人。刘备与甘夫人的感情很好,即使在亡命途中,两人也是形影不离。

后来,有人向刘备献上一个精巧的玉人,高达三尺,栩栩如生,光彩照人。刘备爱不释手,就把玉人放置在甘夫人房间里,让两者媲美生辉。在他看来,自己已经有了巴蜀这块地盘,而且外事内政都有丞相诸葛亮在操持张罗,无须他费心,于是常常拥着甘夫人赏玩玉人,口中还念念有词:"玉之可贵,德比君子,况为人形,而不可玩乎?"

如此一来,国事倒被放在了次要的位置。这可急坏了甘夫人。她知道,刘备经过长期努力,才由一文不名的贩夫而拥有西川,建立了蜀汉政权。这固然可贺可喜,但目前的这份基业还只是个开始,刘备应当更加努力、发愤图强。但是,自从建立蜀汉政权以来,刘备只顾着观赏玉人,意志消沉,大志即将磨灭。长此以往,哪里还能实现他囊括四海、复兴汉室的宏愿呢?甘夫人不能不忧虑。她几次想谏言,毕竟自己又是不参政的妇道人家,不好直言。

有一天,甘夫人从玉人本身触发灵感,想到了春秋时代"子罕不以玉为宝"的典故,于是以此为谏词,借古讽今来说服刘备:"古代宋人得一玉石,

适应力——你可以不怕改变

献给宋国的正卿子罕。可是子罕不但不接受,连看都不看一眼。献玉的人说:'此玉呈玉人状,是一块稀世之宝,故而才敢奉献给你。'子罕却说:'我平生以不贪为宝贵,你是以玉为宝贵,若是将玉赠送给我,那么,你、我都丢失了宝贝。你丢掉的是宝玉,我丢掉的是廉洁这块宝。'所以子罕不以玉为宝,在春秋时代传为佳话。"

正当刘备听得津津有味之时,甘夫人又说:"现在曹操、东吴都未消灭,陛下你却对一块玉石爱不释手。你可知道,凡是淫、惑必生变,千万不能一直这样下去啊!"

甘夫人并没有开门见山地叫刘备发愤图强,而是以宝玉为比喻,婉转地表达了自己的意思,更容易让对方接受。她首先以子罕不贪宝玉的典故作为话题,让刘备心情轻松舒畅,不会产生逆反和抵触心理。等他解除精神防线,正要听夫人继续往下说时,甘夫人却"总结陈词",让刘备如同醍醐灌顶,头脑猛然清醒,体会到对方讲典故的用意和良苦用心,反思自己因为玩物丧志而忽略国事。

假如从开始起,你就企图说服对方,让对方服从你,那么只能增加对方的防范心理,从而抵触你所说的话,而达不到说服对方的效果。

对方如果听不进去,就算你有千言万语,他全当耳旁风。对方听得进去,是良好沟通的第一步。所以开口之前,必须谨慎,以免徒劳无功。当对方听不进去的时候,我们宁可暂时不说,也不要逼死自己。能拖即拖,并非完全没有道理。运用得合理,也是一种有效的沟通方式。

比如,一个推销员叫你赶快买他的产品,因为马上要涨价了,你可能会觉得他有意骗你。他的任务是完成销售指标,而不是好心地为你省钱。但是如果你意外地听到他对他的好朋友说要买某种产品,那你肯定就相信了。因为这时你不会警觉他对你的"企图"。

再比如,人们一见面,通常会说些无关紧要的话:

"你最近气色不错。"

对方如果说:"我最近吃不好、睡不好,气色怎么会好?"

第一章
改变你的说话方式,迎合他人的直觉判断

那你就知道对方心情不佳,不管什么事都需要延后,贸然说出来而对方一口回绝的话,连个商量的余地都没有了。

如果对方回答:"还好,最近没什么烦心事。"说明他心情不错,有什么事都可以说了。

先说次要的,可以缓解人们的紧张甚至是排斥的情绪,如果对方摆明不想听你说话,通过这些次要的寒暄也可以渐渐使对方放松对你的戒备。

3.你越是卖关子,对方越对你的话感兴趣

有人在屏风上钻一个小孔,旁边贴上"请勿窥视"的纸条,再用隐蔽式摄像机拍下过路人的反应。结果,每个经过这里的人都会向里张望一番。

电视连续剧每集的结尾总是在关键的时刻结束,将悬念留给观众,吊起观众的好奇心,以至于你不得不锁定频道,等着下一集。人们的好奇心是无法估量的。

在心理学上,有一个"禁果效应"。你越想把一些事情或信息隐瞒住不让别人知道,越会引来他人更大的兴趣和关注。人们对你隐瞒的东西充满好奇和窥探的欲望,甚至千方百计试图通过别的渠道获得这些信息。

很久以前,在法国,从美洲引进的土豆很长时间没有普及,原因是:宗教迷信者把它叫做"鬼苹果";医生们认为它对健康有害;农学家断言,土豆会使土壤变得贫瘠。著名的农学家安瑞·帕尔曼切在德国当俘虏时,吃过土豆,回到法国后,决意要在自己的故乡培植它。可是很长时间过去了,他还是不能说服任何人,于是他要了一个花招。

1787年,他得到国王的许可,在一块出了名的低产田上栽培土豆。按照他的要求,由一支身穿仪仗服装的全身武装的国王卫队看守这块地。但只

适应力——你可以不怕改变

在白天看守,到了晚上,警卫就撤了。这时,人们受到"禁果"的引诱,每到晚上就来挖土豆,并把它栽到自己的菜园里,帕尔曼切就这样达到了目的。

探究周围的未知事物,是人类普遍的行为反应。无法知晓的"神秘"的事物,比熟知的事物对人们有更大的诱惑力,也更能促进和强化人们渴望接近了解的诉求。我们常说的"吊胃口"、"卖关子"就是因为对方对你的信息有着一种期待心理。

当你想说服别人的时候,最主要的是先引起别人的兴趣。当别人对你将要说的话感兴趣了,你才可能有机会说服别人。

那么,怎样才会让别人对你的话产生兴趣呢?最好的办法就是设置悬念。

只要你使用一点小小的技巧,有时候就能让整个谈话改变立场。

比如,你直接跟某人说:"有件事情,我要跟你说一下。"对方可能会漫不经心地回应:"你说吧!"

如果你换个形式,设一个悬念地对他说:"有件事,不知道当讲不当讲?"他马上会边竖起耳朵,边催促你:"快讲吧,到底什么事?"

又比如,你说,"告诉你一件事。"不足以引起别人的兴趣;如果你说,"这件事我还是不告诉你了。"那么对方就会立即生出兴趣。这样一来,就把话题引向了你要的方向。

某工地的工头常常坚持反对一切改进的计划,姚工程师以前提出好多想法,都被他否定了。这次,姚工程师想换装一个新式的指数表,但他想到那个工头必定是要反对的。于是他腋下挟着一个新式的指数表,手里拿着一些要征求工头意见的文件去找工头。

当大家讨论文件的时候,姚工程师把那指数表从左腋下到右腋下互换了好几次,工头终于先开口了:"你拿着什么东西?"

姚工程师漠然地说:"哦!这个吗?这不过是一个指数表。"

工头说:"让我看一看。"

第一章
改变你的说话方式,迎合他人的直觉判断

姚工程师说:"哦!你还是不要看比较好!"并假装要走的样子,说:"这是给别的部门用的,你们部门用不到这东西。"

他越是这样说,工头越想看,他很好奇,什么东西别的部门能用,自己的部门就用不上呢?工头就对姚工程师说:"我很想看一看。"当他审视这个指数表的时候,姚工程师就随意但又非常详尽地把这东西的效用讲给他听。

工头看了,终于喊起来说:"我们部门用不到这东西吗?其实,它正是我想要的东西呢!"姚工程师听到工头这样说,暗自笑了。他的目的就这样轻易达到了。

在一次新课开始前,一个教师故作玄虚地说:"同学们,我这里有一道题目,本想让你们做一做,可是连我都没有办法做出来,对你们就更难了。"好几个学生请求道:"老师,让我们看看这道题目吧。"老师装出无可奈何的样子把这道题目写在黑板上。全班同学忙碌起来。不一会儿,有很多学生举起手。老师故意拉长腔说:"怎么样?不会做吧?"

谁知,同学们齐声说:"老师,我们已经做出来了!"几个同学清晰地说出了解题的方法和思路。老师装作甘拜下风,说:"同学们,你们真的太厉害了,比老师还聪明,这节新课你们肯定一学就会,有没有信心?"同学们大声说:"有!"同学们学习兴趣盎然,积极性高涨。

通常,一个人的某种欲望被禁止的程度愈强烈,所产生的抗拒心理也就愈大。这个老师非常聪明,充分利用这一点激起了学生的解题欲望。

因此,你要引起别人兴趣的时候,不妨故作悬念,引起别人的好奇心,让对方主动对你说的话产生兴趣。记住,你越是卖关子,对方越对你的话感兴趣。

适应力——你可以不怕改变

4.不要让对方有过多的考虑时间

俗话说"物以稀为贵",越是稀少的东西,我们越珍惜,机会也是一样。对于每天都能遇到的机会,我们一般不会在意,但是对于那些千载难逢的机会,我们就会认真地对待了。

在经济学上有一个"短缺原理",是说机会越少,价值越高。

比如,南沙湿地,是个自然生态保护区,如果不是平时居住在附近,一般很少会有人特意去那里旅游。但是据说这块湿地很快要被填了,以后就再也看不到这里的自然景观了。这一事实反而吸引了不少游客特意前去观光。

再如,在一次校园餐厅食品质量调查中,该校学生把学校餐厅贬得一无是处。但几天后,学生们被告知,由于一场火灾,在以后的两周内他们都不能在餐厅吃饭了。这时再进行第二次调查,学生们的态度突然有了很大的转变。其实,食品的质量还是和以前一样,但要得到这些食品已经不是那么容易了。

害怕失去某种东西,往往比希望得到同等价值东西的想法对人们的激励作用更大。在受到限制的环境下,人们更容易被激发起得到它的欲望,因而将"需要"变成"必须要"。

在一个村子里,住着三兄弟,都没有娶妻。老大40多岁,老二30多岁,老三20多岁。

有一天,村子里来了一个媒婆,媒婆先找到年轻的老三,要给他介绍一个老婆。这个年轻人问了很多关于姑娘的长相、身材、学历、家庭背景等问

第一章
改变你的说话方式,迎合他人的直觉判断

题,最后拒绝了这门婚事。

媒婆又找到了老二。老二非常现实,他问了一些关于姑娘是否离异、有没有智障、会不会做家务、能不能生孩子之类的实际问题,最后老二答应"考虑考虑"。

媒婆最后找到老大,没等媒婆把姑娘的情况介绍完,年纪已经一大把的老大就急不可待地问:"什么时候可以结婚?"

20多岁的老三尚且年轻,他认为自己还有很多的时间去挑更多的姑娘,所以拒绝了媒婆的好意;30多岁的老二认为自己还有考虑的机会;而40多岁的老大,知道自己选择的机会已经不多了,所以他必须用一切办法抓住眼前的机会,否则很有可能要打一辈子光棍。他的选择是无奈的、被动的,也是迫不得已和必须全力以赴的。

在选择机会越多的时候,人们越是拿不定主意;而选择机会越少的时候,人们越急着做出选择。

据新闻报道,北京的一家房产公司正是利用了这一点作为销售技巧,使得房屋大卖。

尽管现在北京房价一直居高不下,但是仍然有很多人在等待时机,或是持币观望。有一处售楼处采取了排队取号的方法来销售楼房。

开发商故意每次只开盘一栋楼的一个单元,造成房源紧张的状况。很多买主去看房,但是不一定能买得到。更有些人为了买到房子还要24小时排队,排上队的买主也并非一定能买到房子。每次开盘,开发商会通知60个有号的买主过去抓阄,而实际上只有40套房子销售。也就是说这60人中将有20人买不到房子。

在这种气氛中,买主已经不在乎房子的价格到底多高了,他们更在乎的是自己是否"幸运"地抓到了有房的阄,能买到房子。结果,那些抓到阄能买房的人,都非常高兴。他们认为自己是幸运的,因为他们抓住了这次好机会,还有好多人有钱都买不到房子呢!

对一件事物,本来人们对它的兴趣不大,但是当人们能够占有或享有、

观赏它的自由受到了限制,人们就会变得开始渴望这一事物了。

我们经常去买东西,发现货架上的物品还很多,就会犹豫不决,心想,今天不买,明天买也是一样的,所以拖到最后还是没买。但是如果发现东西已经存货不多了,就会想,今天如果不买,明天就没有了,特别是当售货员说"这是全球限量版"的时候,脑子里的那根线就会绷紧一点,觉得这么好的机会被自己碰上了,不买就可惜了。我们经常被某店铺橱窗外面那些"数量有限,欲购从速,售完即止"所吸引,最后不得不掏腰包。你到商场去购物,会发现,"限时限量抢购"的地方永远是顾客最多的地方,因为人们不想让自己错过难得的机会。

所以,在说服别人的时候也是一样。用"短缺原理"去"震动"对方,不要让对方有过多的考虑时间,告诉他,"你已经面临最后一次机会了!"他的态度就会有很大的转变。

5.多给别人贴一些好的"标签",对他人有积极的暗示

心理暗示的作用是巨大的,不但能影响人的心理与行为,还会影响人体的生理机能。

生活中,你会发现,有些事情你自己本来没有把握,但是你期望它能办成,结果居然成了。

几天前,子豪和静雯两人接手一个工作项目。由于子豪的精力要放在另一个更重要的项目上,所以希望静雯能独立完成这项新任务,但是以前静雯对子豪是很依赖的。

子豪知道静雯并没有把握独自完成任务,只好为她打气:"其实这并没有什么。要是我一个人来做,大概半个月能完成,何况现在给了你一个月时

第一章
改变你的说话方式,迎合他人的直觉判断

间呢!应该绰绰有余!"子豪说这话时,自己心里是没底的,因为他自己一个人来操作,至少也要将近一个月时间。最后,子豪拍着静雯的肩膀说:"放心吧,这件事对我来说是小菜一碟!等你实在完成不了的时候就交给我吧!"静雯相信了子豪。

尽管在做的时候,静雯遇到了一些困难,但这些困难都被子豪说得很轻松,子豪也协助静雯找资料,调查市场。在整个过程中,再困难,静雯也没有抱怨过一句,可能静雯真的认为这个任务并没有什么,或是认为即使遇到了困难,也有师傅子豪来解决,所以静雯一直都表现得很轻松。结果是静雯竟然独自一人在规定的时间内出色地完成了任务。这是子豪都没有想到的。可见,子豪对静雯的暗示起到了很大的作用。

消极的暗示能扰乱人的心理、行为以及人体的生理机能;而积极的暗示却可以起到增进和改善的作用。

美国田纳西州有一座工厂,许多工人都是从附近农村招募的。这些工人由于不习惯在车间里工作,总觉得车间里的空气太少,因而顾虑重重,工作效率自然降低了。

后来,厂方在窗户上系了一条条轻薄的绸巾,这些绸巾不断飘动着,暗示着空气正从窗户里涌进来。工人们由此去除了"心病",工作效率也随之提高。

刚刚学会骑自行车的人骑车上街,心里特别紧张,怕撞到别人,不停默念"别撞上,别撞上",可结果却偏偏撞上。参加重大考试,告诉自己"别紧张,别紧张",往往脑中一片空白……

美国著名心理学家罗森塔尔和雅格布森曾做过一项有趣的研究。他们先找到了一个学校,然后从校方手中得到了一份全体学生的名单。经过抽样后,他们向学校提供了一些学生名单,并告诉校方,他们通过一项测试发

适应力——你可以不怕改变

现,这些学生有很高的天赋,只不过尚未在学习中表现出来。其实,这是从学生名单中随意抽取出来的。有趣的是,在学年末的测试中,这些学生的学习成绩的确比其他学生高出很多。

这就是教师期望的影响。由于教师认为这个学生是天才,因而寄予他更大的期望,在上课时给予他更多的关注,通过各种方式向他传达"你很优秀"的信息。学生感受到教师的关注,因而产生一种激励作用,学习时加倍努力,所以取得了好成绩。

海伦在这家外贸公司工作已经3年了,国际贸易专业毕业的她在公司的业绩表现一直平平。原因是她以前的上司胡悦是个非常傲慢和刻薄的女人,她对海伦的所有工作都不加以赞赏,反而时常泼些冷水。

一次,海伦主动搜集了一些国外对公司出口的纺织品类别实行新的环保标准的信息,但是胡悦知道了,不但不赞赏她的自主意识,反而批评她不专心本职工作。后来海伦再也不敢关注自己的业务范围之外的工作了。海伦觉得,胡悦之所以不欣赏她,是因为她不像其他同事一样奉承她,但是她自问自己不是能溜须拍马的人,所以不可能得到胡悦的青睐,也就自然地在公司沉默寡言了。

直到后来,公司新调来主管进出口工作的山姆。新上司新作风,从美国回来的山姆性格开朗,对同事经常赞赏有加,特别提倡大家畅所欲言,不拘泥于部门和职责限制。在他的带动下,海伦也积极地发表自己的看法了。由于山姆的鼓励,海伦工作的热情空前高涨,不断吸收新的知识,起草合同、参与谈判、跟外商周旋……海伦非常惊讶,原来自己还有这么多的潜能可以发掘。想不到以前那个沉默害羞的女孩,今天能够与外国客商为报价争论得面红耳赤。

如果你想要鼓励某个人,就要经常给他积极的暗示。只要充满信心有所期待,事情总会顺利进行。

第一章
改变你的说话方式，迎合他人的直觉判断

在电视连续剧《士兵突击》中，班长史金每一次在许三多经历失败的时候，总是采用多种积极的心理暗示告诉他一定能成功。在这种暗示下，许三多每次都战胜了重重困难，最终蜕变为一个优秀的狙击手。许三多的成功告诉我们，积极的心理暗示对一个人的成功有巨大的影响。

我们经常会听到一些家长在哄小孩的时候说，"你是一个乖孩子，玩具要给弟弟玩。""你比弟弟勇敢多了，就应该比弟弟先打针嘛！"这样，小孩子即使不情愿，也会很满足地照着家长的话去做。其实，何止小孩，每个成年人的举动都会受到这种话的影响。

"既然在别人的眼中，我是优秀的，那么我就要做得很优秀，同别人的期望相符。绝对不能让他人失望。"这是人们的普遍心理。

有一个男人，在结婚之前很勤快，跟其他的单身男子比起来，他的宿舍要整齐干净得多。但是自从结婚后，就常听到妻子抱怨，"你这个懒人！""你也太懒了吧！"妻子对他的评价就是"懒""非常懒"，并数落他不做饭、不拖地、衣服洗完了也懒得从洗衣机里面拿出来晾干。

有一次，朋友笑着对他说："你以前有这么懒吗？是不是仗着自己找了个勤快的老婆，所以就不干活了？"他说："有时候我本来想做点家务，可是一听到她说我懒，我就不想做了。既然我是个'懒人'，那么我就干脆不做了。懒到底好了！慢慢的，就真的越来越懒了。"

可是，只要一回到母亲家，他就很勤快，因为他的老母亲从小到大都夸他，经常在邻居们面前说她的儿子"勤快又孝顺！""只有5岁大的时候，他就拿着扫把打扫屋子"。他的邻居都知道他是个勤快的孝子。所以每次回父母家他都表现得很勤快，特别是在邻居面前。

这个男人本来是勤快的，结果他的妻子无意间给他贴上了一个"懒人"的标签，就让他变懒了；而他的母亲给他贴的标签是"勤快"，所以他在母亲面前表现得很勤快。不好的标签就是一种负向的"期望"，会像魔咒一样影响他人的思想和行为。

适应力——你可以不怕改变

二战期间,美国心理学家在招募的一批行为不良、纪律散漫、不听指挥的新士兵中做了如下试验:让他们每人每月向家人写一封说自己在前线如何遵守纪律、听从指挥、奋勇杀敌、立功受奖等内容的信。

结果,半年后这些士兵发生了很大的变化,他们真的像信上所说的那样去努力了。

这种现象在心理学上被称为"标签效应"。标签效应实际上也是一种暗示作用。我们经常说的给某人"戴高帽",其实就是给某人贴标签。美国心理学家贝科尔认为:"人们一旦被贴上某种标签,就会成为标签所标定的人。"

一个标签,无论是"好"还是"坏",对一个人的个性意识以及自我认同都有强烈的影响作用。如果你希望对方是个有决断力的人,那么,不管他是不是这种人,你都可以给他冠上"你是个做事很有决断力的人"的帽子。对方的自尊心得到满足,便会自觉按着你给他贴上的"标签"去行动。也就是说,他会受到这个"标签"的约束。

给一个人贴"标签"的结果,往往是使其向"标签"所喻示的方向发展。

记住,多给别人贴一些好的标签,对他人有积极的暗示,能鼓励他们像标签所注明的那样去做,当然对你也会有好处的。

6.给对方一颗"糖衣苦药",冲淡他的抗拒心理

当别人的言行不够好,或是让我们不满意的时候,难免要受到你的批评。但是,批评他人之前,你是否想过,我们批评他人的目的是什么?应该是为了让别人同意你的观点,或对他之前的言行进行改正,而不是为了我们自己的发泄。

既然目的已经明确,那么就需要收到好的效果。不留情面的批评,有时候会令人反感,但是如果说服的力度不够,又达不到让其改正的效果。如何

第一章
改变你的说话方式,迎合他人的直觉判断

才能让对方耐心听取你的意见,或从你的建议中得到启示,并积极地改正自己的不足呢?

那么,就要注意批评对方时的方法。好的方法不仅可以让对方注意到自己的不足,奋发向上,还会对你心悦诚服,充满感激。

我们经常说良药苦口。很多人好心好意地对别人提出忠告,对方却不领情,就是因为人们在拿出"良药"的时候,就让对方尝到了苦味,对方很自然地就会产生抵触情绪。

"小王,你到我办公室来一趟!"销售部经理"啪"的一声挂断了电话,让刚刚和同事还有说有笑的小王一下子心惊胆战,硬着头皮走进了经理办公室。"你这个月的销售成绩怎么这么差啊?你看看人家小邓,才刚来两个月,工作业绩就飙到了本月第一名。你以为我能让你拿这么多的薪水,我就不能让别人拿的比你更高?再这样下去,你这个销售冠军还能做多久?"还没等小王开口,坐在老板椅上的经理就一顿连环珠炮般的轰炸,随后把一叠厚厚的报表扔在小王面前。

"经理,我……我有我的解释。"小王本想趁这个机会就此事与经理正面沟通。

"你别说了,回去好好反省吧。我再给你一个月的机会,要是下个月你的业绩还不能提升,那我就要扣你的年终奖金了。好了,你先出去吧。"经理不耐烦地摆手示意欲言又止的小王出去。

满脸委屈的小王无奈地走出经理办公室,回想经理那咄咄逼人的架势,心里就窝火得厉害。经理对小王的态度,让小王感到寒心,他越想越觉得自己委屈,觉得自己做的这些不值得。从此跟经理的关系越来越僵,而且业绩也一再下滑。

很显然,这个经理的态度是不妥的。这样的方式谁都接受不了。

如果在批评对方的同时,结合你的建议,那么效果就明显不一样了。对方会感觉到你是为了帮他而批评,而不是为了批评而批评。具体的做法是:

适应力——你可以不怕改变

先夸奖某人做得好的地方,再提出需要改进的地方,最后鼓励对方,还可以更上一层楼。这样的方式大多数人都能接受,因为让对方没有挫折感,不会产生抗拒心理,反而激发了他想努力上进的发愤心理。

卡耐基说:"听到别人对我们的某些长处表示赞赏后,再听到批评,心里往往好受得多。"所以,首先肯定其优点,然后指出其不足,再进行激励。这样,不但对方比较容易接受,而且更会增添前进的信心和勇气。

上面的故事,我们换一个场景重演一遍,你会发现,结果会明显不同。

"小王,你到我办公室来一趟!"销售部经理声音低沉。挂了电话之后,小王自然知道经理因为什么事情要"召见"自己,自己这个月的业绩一直在下滑。

"小王,你的销售成绩一直是我看好的。在公司连续几个月蝉联销售冠军,不是一般人能做到的,充分说明你的能力要比其他同事强!"

"经理,我……"小王本想多谢经理的夸奖,但想到这个月的销售业绩,就不好意思说出口了。

"你这个月的销售情况一直在下滑,原来的老客户订单一张张减少,而新客户开发也不够多。如果你能把精力放在老客户的维护上,避免老客户的流失,是不是会更好一点?"

小王心里想,这个月由于公司总部发货不及时,有很多客户临时取消订货单,这不能怪自己。但转念想想,还是觉得经理说得有道理,这个月确实把精力用在开发新客户上了,而忽视了老客户。市场经济条件下的一条重要规则就是开发一个新客户的成本远远大于维护老客户的成本,留住老客户的确十分重要。

"只有在留住老客户的基础上再发展新客户才是企业发展壮大之道。这几年来,我相信你在老客户中赢得了很好的口碑,这是你做销售最好的资本。希望你再接再厉!"

小王走出经理办公室后,对自己说的第一句话就是:"我一定要把销售冠军夺过来!"

第一章
改变你的说话方式,迎合他人的直觉判断

每个人都希望得到他人的肯定。经理在开头时就肯定小王的能力,无疑是让对方先尝到一些甜头,然后再指出他工作中的一些不足之处,让小王反省自己,这样达到了一个良好的沟通作用。最后经理对他的鼓励,更让他产生了"一定要把销售冠军夺过来"的激情。

无论如何,你要注意,如果你批评他人的目的不在于一泄心头之恨,那么就要考虑他人的接受程度,以及批评的效果。

在批评他人的时候,要控制自己的情绪,千万不要在开始就把问题弄得很糟。不要张口闭口对人说"你怎么搞的?""你怎么这么差劲?"这样很容易伤害他人的自尊心。有很多人,在生气的时候,会对他人进行人身攻击,结果就变成了一场战争。

其次,你要注意,批评的重点在于"评",而不在于"批"。结合你对他人的建议,给予对方一些建设性的意见,跟对方一起分析,找到问题的症结和根源,并着手策划拯救性方案。这样一方面有利于事情的解决,另一方面也会让他人对你产生感激之情。

总之,批评的最佳效果莫过于"随风潜入夜,润物细无声"了。

7.拒绝别人时,应该体现出良好的品德和修养

通常情况下,人们对自己提出的要求,总是念念不忘。如果长时间得不到回音,就会认为对方不重视自己的问题,反感、不满将由此而生。相反,即使不能满足对方的要求,只要能做出些样子,对方就不会抱怨,甚至会心存感激,主动撤回让你为难的要求。

当然,如果是对于那些你本来就不想亲近的人,那么拒绝对方的时候,就要坚定,不要让对方抱有希望。

适应力——你可以不怕改变

我们经常会遇到他人求自己办事,对于那些能帮的事,当然会尽量施以援手,以解困扰。但是,自己也有不方便之时,便不得不拒绝。拒绝的话,很容易就会得罪人,从而影响到你和他人之间的关系。

你在某个陌生的环境中问路,有人对你说"不知道!"或是直接不理你,你就会感到对方能帮你却有意不帮;而有的人对你说"我也不知道怎么走,你去问问报刊亭的老板吧",你就会很感激地觉得他是个好人。同样是拒绝,有的人拒绝他人,能让对方心存感激;有的人却留给他人很不好的印象。

那么,当你遇到这种情况的时候,一般是怎么处理的呢?当对方提出某种要求,你又无法实现时,如果你不想伤了感情,可以造成全力以赴的错觉,让对方觉得你真的是尽力了,即使最终没有达到目的,对方也会对你心存感激。而且在你的能力范围内无法实现,对方就会主动放弃继续找你。

比如,当对方提出你不能满足的要求后,就可采用以下步骤:先答复"您的意见我知道了,请放心,我会努力去做。"过几天,再通知对方:"这几天科长因急事出差,等下星期回来,我立即报告他。"又过几天,再告诉对方:"您的要求我已转告科长,科长答应在公司会议上认真讨论。"尽管事情最后不了了之,但你也会给对方留下好感,因为你已造成"尽力而为"的假象。

实际生活、工作中,我们很难做到,也根本没必要做到"有求必应",必要的时候应该学会"拒绝"。

拒绝,同样是一门学问,应该体现出个人的品德和修养,使别人在你的拒绝中,一样能感觉到你是真诚的、善意的、可信的。我们应该遵循以下原则:

首先就是说出真实情况。

在拒绝的过程中,还想和对方保持良好关系,就要采取换位的思想、遗憾的语调来处理。有的人在拒绝的时候,因为不好意思而不敢实话实说,殊不知闪烁其辞的方式反而更容易让对方产生很多不必要的误会。

其实,拒绝本是件很正常的事情,别人有求于你的时候,也多少会有这个思想准备。只要处理得当,因为拒绝而伤害关系的情况并不多;倒是拒绝的时候吞吞吐吐、模棱两可,反而让人反感,而更容易影响彼此的关系。

第一章
改变你的说话方式,迎合他人的直觉判断

二要选择好拒绝的时间、地点和机会,类似于着装礼仪中的TPO原则。

当你拒绝别人的时候,这是必须考虑的因素:

及早拒绝,以免耽误了对方的计划;据实向对方表明你的态度,好让对方有所准备;坚决拒绝,避免迂回曲折。

在婉言拒绝的时候,一定要让对方觉察到你的态度,不要绕了半天连自己都不知道表达的是什么意思,更别说对方能不能理解了。一定要让对方明白:这一次拒绝,还有下次机会。从场合来看,在小的场合更容易拒绝对方,也更容易被对方接受。从心理学角度来说,和对方正对着脸的时候,拒绝别人最不容易让人接受。

三要给对方留个退路。

当你拒绝那些总喜欢坚持自己的意见,自以为是的人时,要多加考虑。这种人的自尊心很强,直接拒绝的方式无疑会使他们下不了台。所以,首先你要把对方的话,从始至终地听过一遍。当你仔细听完对方的话后,再决定如何去拒绝和说服对方。

不好正面拒绝时,可以采取迂回的战术,转移话题也好,另有理由也好。尤其要善于利用语气的转折,温和而坚持——绝不会答应,但也不致撕破脸。

最好能引用对方的话,来"不肯定"他的要求的方式,既给对方留足了面子,也可以达到拒绝的目的。这类人都是聪明人,你的"不肯定",他自然也就心领神会了。

四是用友情来说服对方。

让自己拒绝的意见不引起对方的反感,最好让他明白:你是忠实的朋友;自己并不强迫他接受反对的意见;你是关心他的,是从他的长远利益来考虑的。

比如,先向对方表示遗憾,或给予赞美,然后再提出理由,加以拒绝。可直接向对方说明你的客观理由,包括自己的状况不允许、社会条件限制等。通常这些状况是对方也能认同的,因此较能理解你的苦衷,自然会自动放弃说服你,并觉得你拒绝得不无道理。由于先前对方在心理上已因为你的

委婉使两人间距离拉近,所以对于你的拒绝也较能以"感同身受"的态度来接受。

五是身体语言拒绝。

有时开口拒绝对方也不是件容易的事,往往在心中演练了很多次该怎么说,一旦面对对方又下不了决心,总是无法启齿。这个时候,你可以轻轻地摇摇头。摇头代表否定,别人一看你摇头,就会明白你的意思,之后你就不用再多说了。类似的身体语言包括,采取身体倾斜的姿势、目光游移不定、频频看表、心不在焉……

8.顾及他人面子,尽可能帮他人走出尴尬的境地

当对方发生一些让他下不了台的事,就需要你主动留给对方一个台阶,让他顺势走下来。这是在维护对方的颜面,他们对你的这一举动一定会心存感激。

一天,来了一位年轻的实习教师临时代课。由于他是新手,我们自然不会安分守己,课堂纪律十分糟糕。课讲到一半时,老师讲得兴起,却不料被讲台绊了一下险些摔倒,引起全班哄堂大笑。孰料他只是笑着摇摇头,自嘲了一句"连这讲台也欺生",令笑声戛然而止。这是聪明的老师在给自己台阶下。

我们都看重自己的面子,面子就等于尊严、形象,这也许是人们与生俱来的一种自尊心和虚荣心所致。所以每个人都格外在意展现在众人面前的形象,希望自己有"面子"。

然而,生活中往往会发生一些让我们丢面子的事情,比如在公共场所,不小心打了个嗝;唱歌的时候本想表现自己,高音却死活唱不上去;不想示

第一章
改变你的说话方式,迎合他人的直觉判断

人的糗事,被别人发现了等。这个时候我们会变得异常尴尬,恨不得找个地洞钻进去。如果此时遭到对方的嘲笑,你必定对他恨之入骨,觉得对方是落井下石之人;相反,如果这个时候对方装傻,表示什么也没看见,或是对此一笑了之,你就会顺势下台阶,保全自己的面子,维护自己的自尊心,因而感激对方。

比如,我们经常会看到一些不该看到的事情,听到一些不该听到的东西,导致自己和他人的尴尬。这种情况你会怎么处理呢?

唐雅在南方一所著名大学的中文系读书,授课的老师中有一位50岁出头的风度翩翩的男教授。教授不仅学识渊博,而且谈吐幽默风趣,经常和学生们谈古论今,是班里女学子们心中的偶像。许多女生主动接近他,希望得到他的提携和指点。唐雅也是其中一个。

一天,她约了两位要好的女同学一块儿去教授家请教问题。到了教授家门口,唐雅伸出手来正欲敲门却发现门是虚掩着的,于是她轻轻地推开,结果看到了令她目瞪口呆的一幕:教授正在屋内,拥吻着一个女孩子。而那个女孩子是他的学生。看到她们的意外出现,教授的手像触电一样一下子松开、垂落,脸色霎时变得惨白。

双方就这么站着,也许仅仅只有几秒钟的时间,却漫长得像一个世纪,空气死一样沉寂。

"我该怎么办?"唐雅进行着激烈的思想斗争。装作没看见迅速走掉?还是走上前去委婉地劝说?报告校领导或张扬出去,让他受到惩罚甚至身败名裂?这些念头在她脑海中迅速一闪而过。教授不是这种人,他也许只是一时糊涂。唐雅知道,教授有一个他所深爱也深爱着他的妻子,他的妻子在同城的另一所高校任教,他们有一个活泼可爱的即将大学毕业的女儿,这是一个幸福而完美的家庭,他们的家庭和教授本人的品质在校内一直有着良好的口碑……

仅仅是几秒钟的犹豫和停顿后,唐雅坦然地走了进去,站在教授面前,一脸笑容地说道:"教授,我们都是您的学生,您可不能偏心哟,您也吻我一

适应力——你可以不怕改变

下好吗?"

教授马上清醒过来。他轻轻地拥抱唐雅并吻了一下她的额头,那一刻,她看见教授眼里有湿润的东西闪亮。

多年过去了,教授依然拥有美满的家庭和良好的口碑,他更加勤奋地研究和著述,并取得了极为丰硕的成果。唐雅毕业那年,教授寄给她一张贺卡,上面只有一句话:"我永远感激你的善良和智慧,是你拯救了我。"

唐雅看到了不该看到的一幕,一般这种情况下,我们都不知道如何处理,因为这种关系十分的微妙。但唐雅的聪明之处,在于通过自己的行为,把教授本来不合理的举动变得合理起来,给了教授一个台阶,原本紧张的气氛就变得轻松了。

记住,人们都是要面子的。你维护了他人的面子,就等于给了他人最好的礼物,他人一定会对你产生好感,充满感激。如果有必要,你应该尽可能地帮助别人走出尴尬的境地。

汉王四年,韩信平定了齐国,他向汉王刘邦上书:"我愿暂代理齐王。"刘邦大怒,转而一想,他现在身处困境,需要韩信,就答应了。韩信的力量日益壮大,齐国人蒯通知道天下的胜负取决于韩信,就对他说:"相你的'面',不过是个诸侯,相你的'背',却是个大福大贵之人。当时,刘、项二王的命运都悬在你手上,你不如两方都不帮,与他们三分天下,以你的贤才,加上众多的兵力,还有强大的齐国,将来天下必定是你的。"

韩信说:"汉王待我恩泽深厚,他的车让我坐,他的衣服让我穿,他的饭给我吃。我听说,坐人家的车要分担人家的灾难,穿人家的衣服要思虑人家的忧患,吃人家的饭要誓死为人家效力,我与汉王感情深厚,怎能为个人利益而背信弃义。"

过了些天,蒯通又去见韩信,而且他还告诉韩信时机失去了便不再来,韩信有点犹豫,只因汉王对他情深意重。

我们姑且不论刘邦以后如何处死了韩信,但就人情世故而言,刘邦很

第一章
改变你的说话方式,迎合他人的直觉判断

成功,他能令韩信在想到背叛时心中产生了愧疚,不忍去做。

通晓人情从反面讲,就是要"己所不欲,勿施于人"。如果你爱面子,那你就不要伤了别人的面子;你要尊重,就不能不尊重别人。生活中也许没有很大的"人情",但是也别小看了这些积少成多的"面子"。

某个乡镇企业家,因与地方上的一名知名作家结怨而苦恼,多次央求地方上有名望的人士出来调解。对方有点文人脾气,软硬不吃,就是不给面子。

后来他的表弟来探亲,主动提出化解这段恩怨。亲自上门拜访作家,做了大量的说服工作,好不容易使作家同意和解。按常理,表弟此时不负所托,完成这一化解恩怨的任务,大可以走人了。可他还有高人一着的棋,有更巧妙的处理方法。他对那位作家说:"这个事,听说过去有许多当地有名望的人调查过,但因不能得到双方的共同认可而没能达成协议。这次我很幸运,你也很给我面子,让我了结这件事。我在感谢你的同时,也为自己担心。我毕竟只是外乡人,在本地人出面不能解决这个问题的情况下,由我这个外地人来完成和解,未免使本地那些有名望的人感到丢了面子。"接着他进一步说:"这件事这么办,请你再帮我一次,从表面上要做到让人以为我出面解决不了问题。等明天我离开此地,本地的一些名人还会上门,请你把面子给他们,算作是他们完成此一美举吧,拜托了。"这位作家非但没有生气,反到觉得这人真的是一个很替别人着想的人,本来对和解还有几分勉强,这么一来便心甘情愿了。后来还把这事情写成文章发表在杂志上,这事情很快就传开了,那位表弟也因此获得了单位领导的器重。

由此可见,给他人留足面子,利人利己。

当你对朋友的所作所为有意见时,劝诫的时候也要给朋友留有面子。你可以先说,"你的某某事做得挺棒,效果、反应都不错",然后,再用"就是"、"但是"、"不过"等来做文章。

每个人都明白,这些词语后面的才是真正要说的话,但前面的话一定

✓ 适应力——你可以不怕改变

要说,因为它不是假话,也不是废话,而是为营造一种和谐气氛的客气话。直来直去的语言只会扫了对方的面子,让对方心中对你产生反感。所以,委婉的话少不了。如果你不能为朋友着想,顾及朋友的面子,那么朋友脸上挂不住自己也会弄得不好意思。

当然,给别人面子要给得恰当,如果被请之人面子很大,而你又没有给他应有的待遇,则会弄巧成拙,把给面子的事情弄成了极伤面子的事情。如果无意中伤了人家的面子,那么,你要懂得及时补偿。

9.先把自己的姿态放到最低,即使失败也可立于不败之地

某化妆品公司的经理,因工作上的需要,打算让家居市区的推销员小张去近郊区的分公司工作。在找小张谈话时,经理说:"公司研究,选择你去担任新的主要工作。有两个处所,你任选一个。一个是在远郊区的分公司,一个是在近郊区的分公司。"

小张虽然不愿离开已经十分熟悉的市区,但也只好在远郊区和近郊区二者中选择一个稍好点的——近郊区。而小张的选择,恰恰与公司的计划不约而合。经理并没有多费唇舌,小张也认为自己选择了一处较为理想的工作岗位,双方都很满意,问题也得到了解决。

生活中和这种情况类似的例子还有很多。比如对于饭店服务员来说,客人会催问菜要做好需要几分钟,如果服务员说的时间比实际情况长了,那么上菜时客人会感到喜出望外;相反,如果服务员说的时间比实际情况短,客人则会感到不满甚至是发火。

所以,聪明的服务员从不会把时间往短里说,宁可先让客人有一点小失望,也不愿菜没按时上来,惹客人发更大的脾气。

第一章
改变你的说话方式,迎合他人的直觉判断

人活于世,难免有事业上滑坡的时候,难免有不小心伤害他人的时候,难免有需要对他人进行批评指责的时候。在这些时候,倘若处理不当,就会降低自己在他人心目中的形象。

一次,一架客机即将着陆时,机上乘客忽然被告知,由于机场跑道拥挤,无法降落,预计到达时间要推迟1小时。立刻,机舱里发出一片埋怨之声,乘客们都期待着这难熬的时刻早点渡过。几分钟后,乘务员发布通知,再过30分钟,飞机就会平安下降,乘客们如释重负地松了口气。又过了5分钟,广播又说,此刻飞机就要下降了。虽然晚了十几分钟,乘客们却喜出望外,纷纷拍手相庆。

有时候,我们到了一个陌生的环境下,别人或许对你有很高的期望。这个时候,为了避免出现让别人失望的情况,比如刚入职场的新人,如果你没有把握能一下站稳脚跟,不妨先把自己的姿态放到最低。这样,当你表现不错时,别人会对你格外满意。

蔡女士很少演讲,一次迫不得已,她对一群学者、评论家进行演说。她的开场白是:"我是一个普普通通的家庭妇女,自然不会说出精彩绝伦的话语,因此恳请各位专家对我的发言不要笑话……"经她这么一说,听众心中的"秤砣"变小了,许多开始对她质疑的人,也在专心听讲了。她简单朴实的演说完成后,台下的学者、评论家们都认为她的演说达到了极高的水平。对于蔡女士的成功演讲,他们报以热烈的掌声。

在说服对方时,先拿出一些反面的、不好的例子,增强你的说服力,更容易掌握对方的心理。

当事业上滑坡的时候——不妨预先把最糟糕的事态委婉地告诉别人,以后即使失败也可立于不败之地;

当不小心伤害他人的时候——道歉不妨超过应有的限度,这样不但可

以显示出你的诚意,而且会收到化干戈为玉帛的效果;

当要说令人不快的话语时——不妨事先声明,这样就不会引起他人的反感,使他人体会到你的用心良苦。

10.沉默是金,更是一种倾听的技巧和智慧

如今,沉默似乎是一件消极的事情,是谈话的大忌。人们每每聚在一起,都想方设法发出点声音。比方说你去亲戚朋友家作客,一般情况下,大家会第一时间打开电视,或边聊天边看,又或者干脆沉浸电视之中,倾听电视"说话"。电视上的某个节目大骂演艺圈,大家也跟着骂上两句;电视上某个热门剩女栏目闹点笑话,大家也就跟着笑几声……几个小时下来,看似气氛不沉闷,可是大家真正交流的时间并没有多少。

再亲近的朋友与亲戚,都不可能每分每秒喋喋不休讲个不停。不讲话时,总会有一段时间很沉默。但沉默未必是坏事,适度的沉默,不但不会令谈话降温,还可以使彼此间的交流更加顺畅。

沉默是一种无声的语言,并不是所有的对话都呈持续状态才有意义。一般来说,一个人如果重复并且长时间听同一个话题,注意力就会逐渐分散,甚至厌烦对方的谈话,更有可能导致"你说你的,我走神你也不知道"的局面产生。这样的对话看似仍在进行,实际上却在受阻。因此,一旦遇到这种情况,适当的沉默就能发挥作用了。谈话者可以突然沉默不语,这样听者自然就会把注意力转移到你身上。

听话者也可以利用突然沉默这一策略打断对方的谈话,引出自己想谈的话题。这样既能使谈话的人反省,又不会伤害他的自尊。

比如在办公室,你的一位同事已经讲给你听他的一件事迹好多次,甚

第一章
改变你的说话方式,迎合他人的直觉判断

至你已经听得耳朵起茧了。但作为同事,遇到这种情况,你不能直接对他说"你已经说了好多遍这件事了",这样做会伤害他的自尊。如果继续听下去,你的心情又真的不太好。因此,当他滔滔不绝时,你不妨突然沉默不作任何回应,让他自觉停止谈话,然后你再趁机巧妙转移话题。

突然沉默之所以能终止那些让你感到厌烦的话题,是因为你的沉默让对方感到意外,他会在心里嘀咕:"为什么这人一点反应都没有?是在想别的,还是不想听我说?"带着这样的疑问,对方不得不停下他喋喋不休的说辞,想办法找些你喜欢的话题来说。

有时候沉默的确是金,更是一种倾听的技巧与智慧。沉默在一定程度上甚至具有恭维效果。

张磊与孙谦同是一家大型文化传播公司的策划,两人的项目设计均思维缜密、创意十足。按理说他们的水平旗鼓相当,在公司也一直是平分秋色,但偏偏是张磊被提拔为策划经理。

孙谦不能接受的是,每次讨论他的策划方案,大伙都提不出什么意见来。偶尔有人说点什么,孙谦都据理力争,直到让对方哑口无言,虽然大家都认为他说得有理,但感觉有点过于清高。特别是有时总监极有风度地点拨他策划案中的某些缺陷时,孙谦也显得欠沉稳,每次都要把总监辩倒才肯罢休,总监觉得孙谦不给他面子。

相比之下,张磊就平易近人得多。讨论他的策划案时,他通常不辩解什么,大部分时间都在沉默。无论是领导还是同事,不管是水平高的还是水平低的,都可以畅所欲言。张磊谦虚豁达,从善如流,他对每个人的意见都详细记录。即使有时候觉得别人是错的,他也会时不时保持沉默,洗耳恭听。最后,修改过的策划书必定是融汇百川,但又能以最高层的意见为主线。为此,公司里的领导和同事都愿意对他的策划案提出自己的看法。

等张磊和孙谦都想竞聘策划经理的时候,大家几乎都不约而同地投了张磊一票,而孙谦则愤然跳槽。过了两年,听说孙谦再次跳槽,而张磊则春

适应力——你可以不怕改变

风得意马蹄疾,据说要担任策划总监一职了。

有时候争辩、打断别人的话会让人觉得不被尊重,觉得你不喜欢倾听他,这并不能给你带来什么好处。而适当的沉默则是一种智慧,它在帮你赢得好人缘的同时,也可以征服他人的心。

每个人都会有情不自禁想要表达自己内心想法的冲动。当你看到你的朋友和另外不认识的人聊得起劲时,可能也会生出参与进去的想法。但是如果在他人说话的时候,不顾及当事人的感受,不分场合与时机,随便插嘴抢话,这不仅会扰乱谈话人的思路,还会引起对方的不快,有时甚至会产生不必要的误会。更糟的是,也许他们正在商议某件非常重要的事情,因为你的加入,使他们无法集中思想继续谈下去。又或许他们正在热烈讨论,苦苦思索如何解决一个难题,由于你的插话,他们思维卡壳,忘了刚才的话,导致一场失败的讨论。

这天,刚开办贸易公司不久的江涛和几个客户在办公室里谈生意。谈得差不多的时候,江涛的一位朋友来了。这位朋友平时就大大咧咧,他以为这几个客户是来找江涛闲谈的,于是他不问缘由,就开始插话:"哇,我刚才坐地铁的时候,看见一个老头和一个年轻人因为座位发生争执……"江涛给他使了个眼色,示意他不要说,但他却兀自说得津津有味。江涛只能告诉他,"这几个是我的新客户,我们正在谈生意。"这位朋友顿感尴尬,借口去洗手间,悻悻地离开办公室。

"刚才说到哪里了?"几个人想继续刚才的话题。可刚出去的这个朋友觉得挺失礼的,又回来向人家道歉。于是再次走进江涛办公室,左一个"对不起",右一个"对不起",然后又开始啰唆自己刚才的话。

客户见谈生意的事被打乱,就对江涛说:"你今天先和朋友聊吧,我们改天再来拜访。"客户说完就走了。不多久,江涛再次邀请这几位客户时,人家已经把订单给了别的厂家。

如果没有这个朋友过来插话,江涛很可能早就做成一笔大生意了。这

第一章
改变你的说话方式,迎合他人的直觉判断

件事后,江涛很长一段时间都不想理会这个朋友。

随便打断别人说话或中途插话,不仅有失礼貌,而且往往在不经意之间就破坏了自己的关系网。要获得好人缘,要想让别人喜欢你,万万不可在别人说话时随便插嘴。

当你想插话时,请提醒自己耐心再耐心,至少听完对方的话再发表观点。

心理学上有个名词叫做"心理定势"。即当一个人心里有事或有想表达的话题时,他就会启动其心理定势准备讲话,直到他把事情全部说完,他的心理定势才会转而倾听别人的话语。所以,要想让别人倾听你,首先必须做到不随便打断别人说话,也不随便插话,学会耐心听对方讲话。如此一来,对方会有一种你很注意听他说话的感觉,认为你尊重他的意见,等他说完之后,他理所当然想听听你的想法。

如果你要发表观点,最好能做到即便话语遭到反对,或某人要发牢骚时,也耐心地听对方把话讲完,并询问对方是否还有别的什么事情要说。这样做可以消除对方的抵触情绪,使他意识到你对他的观点感兴趣。

如果实在是想插话,最好这样做。

当对方担心你对他的话题不感兴趣,显露出犹豫、为难的神情时,你可以趁机插入一两句话,让对方知道你在听,并且喜欢他的谈话。你可以说诸如"我对你说的话题十分感兴趣""你能谈谈那件事吗?我想多了解一些。""请你继续说,很有意思。"一旦你向对方传达一种"我愿意听你说话"的意思后,对方会更喜欢和你交谈。

当对方在叙述中加入过多的主观情感,甚至不能控制自己的情绪时,你可以用一两句话来疏导。诸如"你一定很生气"、"你心情看起来很烦躁"、"你心里很难受吧"等,对方听到你说的这些话后可能会发泄一番。而这些话的目的就是把对方心中那些不良情感"诱导"出来。当对方发泄一番后,会感到轻松、解脱,也更想继续聊下去。

□ 第二章

改变你的做人方式，适应纷繁复杂的人际关系

做人难，做一个成功的人更难，难就难在如何去适应周围纷繁复杂的人际关系。

改变自己，学会做一个达观的人，既是一种人生修为，也是一种对于人生的理解。每个人都必须时时调整自己，以一个合理的心态去适应人际关系。

第二章
改变你的做人方式,适应纷繁复杂的人际关系

1.隐藏自己,学会自我保护

在复杂的社会生活中,我们既要懂得看懂他人,也要懂得隐藏好自己不被他人看穿。你越是显得高深莫测,他人越会对你有所顾忌,不会轻易对你采取行动。

很多性格急躁、容易发脾气的人,一点小事都会触动他们敏感的神经,这样很容易得罪人,不利于人际关系的建立。在众人面前,我们应该把不良情绪隐藏起来,做不到一直以微笑示人的话,起码做到喜怒哀乐不形于色。心里有什么想法,不要轻易地显露出来,这样更有利于保护自己。

隐藏,虽然听起来有点不太光明磊落,但是隐藏并不等于欺骗,它只是一种自我保护的方法。

比如,两军交战中,士兵们所穿的迷彩服,就是为了将自己隐藏在周围的环境中,不被对方发现,起到对自己的保护作用。

再比如,经常逛街的女孩子,当她在商店里发现自己喜欢的衣服时,她会不动声色,更不会让店员猜出她究竟喜欢哪一件,而是耐心地与店员讨论其他衣服的优缺点,反复试穿。等到店员产生了倦怠,而不知道她是否真心想买时,她才拿出自己喜欢的那件,漫不经心地,做出可买也可不买的样子。这时店员为了做成一笔交易,往往会主动降低价格。倘若她刚进店,就表现出看中了一件衣服,并急于想得到的样子,那么店员就会故意把价格抬高。

学会隐藏,才能更好的进行自我保护。

那么,生活和职场中,我们应该隐藏一些什么,又该如何隐藏呢?

适应力——你可以不怕改变

隐藏自己的隐私

隐私,当然是不可轻易对外人说的事情。隐私关系到一个人的人格尊严,而人格尊严则是一个人在社会上生存交往的必要支撑,否则将无法立足社会。

在心理学领域里,有一个词汇是"人格面具"。任何人都有人格面具,而隐私的侵犯将损伤他人的人格面具。任何人的隐私被公布都可能形成心理压抑,造成交往障碍。

小乔是一个才进公司的新人,工作做得很出色,就是整天没有一点笑容。公司的汪姐很热心地邀请小乔去吃饭,吃着吃着,汪姐就告诉了小乔自己的秘密。听着汪姐的这些事,小乔不禁愣住了,觉得汪姐就似一面镜子,和自己惺惺相惜。

于是,小乔也把自己的心事全都说了出来。原来,小乔爱上了自己的上司,上司没有明确表示拒绝,也没有明确接受她,两人正处于一种暧昧状态中。汪姐安慰了小乔几句,她觉得好过多了。

可没过多久,同事们都用一种奇怪的眼光看着她。终于有一天,财务部的尤姐偷偷地对小乔说:"你的事,大家都知道了!其实,你不该告诉汪姐这些,她是个大嘴巴,到处乱说你的私事。"

小乔顿时觉得很尴尬,她的上司也有意地疏远她。没多久,小乔就在同事们的口水中,提出了辞职。

小乔的失败在于,以为别人与自己有相同的遭遇,就轻易说出自己的秘密。不论对他人有多么信任,都不应该将自己的隐私全盘托出,因为在秘密传递的过程中,难免会产生许多副作用。

隐藏自己的情绪

在卡耐基《人性的弱点》中,有这样一篇文章:

第二章
改变你的做人方式,适应纷繁复杂的人际关系

某个政党有位刚崭露头角的候选人,被人引荐到一位资深的政界要人那里,希望这位政界要人能指点他一些政治上如何取得成功的经验,以及如何获得更多选票。这位政界要人提出了一个条件,他说,"你每次打断我的说话,就得付5美元。"

候选人说:"好的,没问题。"

"那什么时候开始?"政客问道。

"现在,马上就可以开始。"

"很好。第一条是,当你听到对自己的诋毁或者污蔑,一定不要感到愤怒。随时都要注意这一点。"

"噢,我能做到。不管人们说我什么,我都不会生气。我对别人的话毫不在乎。"

"很好,这是我经验的第一条。但是,坦白地说,我是不愿意你这样一个不道德的流氓当选的……"

"先生,你怎么能……"

"请付5美元。"

"哦!啊!这只是一个教训,对不对?"

"哦,是的,这是一个教训。但是实际上也是我的看法……"资深政客轻蔑地说。

"你怎么能这么说……"新人似乎要发怒了。

"请付5美元。"

"哦!啊!"他气急败坏地说,"这又是一个教训。你的10美元也赚得太容易了。"

"没错,10美元。你是否先付清钱,然后我们再继续谈?因为,谁都知道,你有不讲信用和喜欢赖账的'美名'……"

"你这个可恶的家伙!"年轻人发怒了。

"请付5美元。"

"啊!又一个教训。噢,我最好试着控制自己的脾气。"

"好,收回前面的话。当然,我的意思并不是这样,我认为你是一个值

适应力——你可以不怕改变

得尊重的人物。但是考虑到你低贱的家庭出身,又有那样一个声名狼藉的父亲……"

"你才是一个恶棍!"

"请付5美元。"

这是这个年轻人学会自我克制的第一课,他为此付出了昂贵的学费。

然后那个政界要人说:"现在已经不是5美元的问题了。你要记住,你每发一次火或者每为自己所受到的侮辱而生气时,至少会因此而失去一张选票。对你来说,选票可比银行的钞票贵重得多。"

隐藏自己的底牌

刚进公司第一天,部门主任就向同事们介绍:"这是小威,我大学老师的儿子,以后大家要多多照顾。"

小威自己还琢磨着是否要保守秘密的时候,主任倒替他亮了底牌。同事们对小威的态度明显十分殷勤,就连平时不怎么搭理人的老王偶尔也会在业务上对他指点一二。主任对他的关照更是不用说了,部里大大小小的事都让他参与其中。

其实,小威的工作能力是很强的,而且工作十分负责任。他的成绩大家也有目共睹,换个人得到这样的机会也不一定能做出来。他自己从来没有因为自己是主任老师的儿子,而感到有什么优越感。

因为得到了许多别人没有的锻炼机会,短短两年,他成长得很快。没想到,后来单位人事调动,主任被调走了,而小威也被打入了冷宫。其实,平心而论,他付出了不少努力,才能有今天的成绩。可就因为他跟主任有私交,所以他所有的努力都被否定了。在新上任的主任的眼里,他就是一个靠关系吃饭的年轻人。

在这个复杂的社会中,特别是人际关系不简单的职场中,还是少亮底牌,给自己一些保护为好。

第二章
改变你的做人方式,适应纷繁复杂的人际关系

2.低调做人,不要把自己的精力浪费在无谓的人际斗争中

低调做人是一种境界,也是一种人生哲学。不仅可以保护自己、融入人群,与人们和谐相处,也可以让人暗蓄力量、悄然潜行,在不显山不露水中成就事业。

在我们的日常生活中,形形色色、各式各样的人都有,与人相处,无论是生活中还是工作中,只要你稍微处理不当,就很有可能招来不少麻烦。轻者,工作不愉快;重者,影响自己的职业生涯。因此,在与人相处中,低调做人相当重要,特别是在与小人的相处中,更加重要。

低调做人,不要把自己的精力浪费在无谓的人际斗争中,即使你认为自己的能力比别人强,即使你认为自己满腹才华,也要学会保留,学会隐藏,学会克制,这是保护自己的有效手段,也是一种能量的内敛。不招人嫌、不卷进是非、不招人嫉妒、无声无息地把自己要做的事情做好。出色地完成自己的任务,永远都是最重要的事情。不要抱怨自己的功绩成了别人的功德,不要慨叹怀才不遇,不要自视清高,也不要招摇过市,那都是极为肤浅的行为。

我们要相信:我们还有很多不懂的,不懂的比懂得多;我们同样要明白:世界上厉害的人比不如我们的人多。

不要想着自己什么时候都是焦点,都是明星,有时候做一个无名小卒更合适。

美国开国元勋之一的富兰克林年轻时,去一位老前辈的家中做客,昂首挺胸走进一座低矮的小茅屋。一进门,"嘭"的一声,他的额头撞在门框上,青肿了一大块。

老前辈笑着出来迎接说:"很痛吧?你知道吗?这是你今天来拜访我最

✅ 适应力——你可以不怕改变

大的收获。一个人要想洞明世事,练达人情,就必须时刻记住低头。"

有些人看上去平平常常,甚至还给人"窝囊"不中用的弱者感觉,但这样的人并不可小看。许多时候,越是这样的人,越是在胸中隐藏着高远的志向抱负,而他这种表面"无能",正是他心高气不傲、富有忍耐力和成大事讲策略的表现。这种人往往能屈能伸,具有一般人所没有的远见卓识和深厚城府。

大家都记得《三国演义》中有一段"曹操煮酒论英雄"的故事吧。当时,刘备落难投靠曹操,曹操看似很真诚地接待了刘备。而刘备住在许都,在衣带诏上签名后,也防曹操谋害,就在后园种菜,亲自浇灌。一日,曹操约刘备入府饮酒,谈起以龙状人,议起谁为世之英雄。刘备点遍袁术、袁绍、刘表、孙策、刘璋、张绣、张鲁、韩遂等,均被曹操一一贬低。最后,曹操指出英雄的标准——"胸怀大志,腹有良谋,有包藏宇宙之机、吞吐天地之志"。

刘备问,"谁人当之?"曹操说,只有刘备与他才是。刘备没提防自己的心事被曹操看破,大惊之下,失手把匙箸丢落在了地上。恰好当时大雨将至,雷声大作。刘备从容俯拾匙箸,并说"一震之威,乃至于此",巧妙地将自己的惶乱掩饰了过去。

刘备在"煮酒论英雄"的对答中是非常聪明的。他说是因为害怕打雷,才掉了筷子。而经过这样的掩饰,曹操多半认为刘备是个胸无大志、胆小如鼠的庸人,从此也就不再疑刘备了。刘备顺利避免了一场劫数,以此迷惑了曹操,使曹操放松了对他的注视。

这个流传千百年的故事,告诉我们,做人要像刘备一样——藏而不露。刘备的种菜、他和曹操的"数英雄",至少在表面上收敛了自己的行为。

现代人更应该知道,一个人要在世上生存,其气焰是不能过于张扬的。人前夸张、显摆、吹牛、自大,过分炫耀自己的能力,将欲望或自己的精力不加节制地滥用,是毫无益处的。

在孔子年轻的时候,曾经受教于老子。当时老子曾对他讲:"良贾深藏

第二章
改变你的做人方式，适应纷繁复杂的人际关系

若虚，君子盛德，容貌若愚。"即善于做生意的商人，总是隐藏其宝货，不令人轻易见之；而君子之人，品德高尚，而容貌却显得愚笨。其深意是告诫人们，一个人，无论你已取得成功还是还没有出师下山，其实都应该谨慎平稳，不惹周围人不快；尤其不能得意忘形狂态尽露。

下面几点可供你参考：

首先，在行为上要低调，"才大不可气粗，居高不可自傲"，做人不能太精明，例如《红楼梦》中的王熙凤"机关算尽太聪明"，乐极生悲。

其次，在心态上要低调，不要锋芒毕露，不要恃才傲物，要知道谦逊是受益终生的美德。

第三，在姿态上要低调，"大智若愚，实乃养晦之术"，羽翼不丰时，要懂得让步；时机未成熟时，要懂得忍耐。所谓"高处不胜寒"，低调做人也未尝不是件好事。

第四，在言辞上要低调，说话时莫逞一时口头之快，不可伤害他人自尊，不要揭人伤疤，得意而不忘形，需知道祸从口出，没必要自惹麻烦。

低调做人，不是指低声下气，奴颜婢膝，而是指要始终把自己当成普通一分子，使自身融入到大众中去，融入到社会中去，不追名逐利，不自命不凡，为人处事不张扬。

《大乘本生心地观经·无垢性品》讲，"观诸众生，是佛化身，观于自身，为实愚夫；观诸有情，作尊贵想，观于自身，为僮仆想，又观众生，作父母想，观自己身，如男女想。出家菩萨常作是观，或被打骂，终不加报，善巧方便，调伏其心。"

意思是说，要把众生，看作是佛的化身，把自己看作愚夫。要把一切有情，都看得非常尊贵，把自己看成是仆人。要把众生都看成是自己的父母，把自己看成是子女。出家菩萨要常常这样观想，有时即使被打骂，始终也不加报复。用各种巧妙的方法，来调整自己的心态。

所以说，低调做人，是一种品格，一种修养，一种胸襟，一种智慧，一种风度，更是一种谋略，是做人的最佳姿态。

适应力——你可以不怕改变

3.具备"忍"的涵养,戒除愤怒和嚣张

在生活中,我们经常看见很多人为了一点很小的事情而怒容满面,甚至与其他人大打出手,这是欲成大事者的大忌。我们每个人都避免不了动怒,愤怒情绪是人生的一大误区,更是一种心理病毒。克制愤怒是人生的必修课,那些怒火横冲直撞而不加抑制的人必定难成大器。

刘文静是李世民起兵反隋时的主要谋臣,在后来的数次战役中屡立大功,说他是唐朝的开国元勋并不为过。与刘文静相比,裴寂的资历要浅一些。裴寂是经刘文静的介绍才加入反隋行列的,但他善于结交李渊,甚至将隋炀帝的宫女私自送给李渊,与李渊在酒桌上称兄道弟,是李渊的酒肉朋友。

李渊称帝后,对裴寂的宠爱异乎寻常,授予他右丞相之职,每次上朝与他同登御座,退朝后相携入宫,对他言听计从、赏赐无度。而刘文静却不受宠,官职只是一个小小的尚书,因此他感到很不公平,每次上朝故意与裴寂唱反调。渐渐地,两个人成了死对头。

有一次,刘文静在上朝时,受到裴寂的一番奚落。他回到家中时,仍余气未消,便以刀击柱,发誓说:"我一定要杀掉裴寂这个王八蛋。"岂料家贼难防,刘文静这些话被他的一个失宠的小妾听到了,并且传了出去。

在朝廷审问时,刘文静依旧怒气不减,并且说出了真心话:"当初起兵时,我的地位在裴寂之上,如今裴寂被授予高官,而我的官职比他小了许多,所以心怀不满。"

假如他不说这番话,事情也许还有兜转的余地;他说了这番话,无疑是在指责李渊偏心,处世不公正。李渊知道了刘文静的申辩,当然很生气。而裴寂自然看出了李渊的心思,又火上浇油地说:"刘文静的确立过大功,无奈他已经有了反心。如今天下还不太平,若是赦免了他,肯定会成为后患。"

第二章
改变你的做人方式,适应纷繁复杂的人际关系

于是,李渊立即宣布将刘文静处死。

刘文静的故事告诉我们,喜怒太过形于色,不分场合、不分对象地随意发怒,肚子里藏不住心事,那么,只能导致失败。

所以说,为人处世,"忍"字为先,而"忍"的第一要诀就是制怒,除了制怒,还有一点就是戒嚣张。嚣张多是由傲气引起的,因此戒嚣张的根源在于戒除傲气上,戒除了傲气就戒除了嚣张。

有一个傲气十足的富商腆着个大肚子来到寺院,站在财神面前说:"你有什么?还不是依靠我的供品,你才能活下去?"

寺里的禅师听到后很生气,就把富商带到窗前说:"向外看,告诉我,你看到了什么?"

"看到了许多人。"富商说。

禅师又把他带到一面镜子前,问道:"你看到了什么?"

"只看见我自己"。富商回答。

禅师说:"玻璃镜和玻璃窗的区别只在于那一层薄薄的银子,这一点点可怜的银子,就叫有的人只看见他自己,而看不见别人了。"

富商面带愧色地离去。

"忍"的内涵虽然博大精深,但只要做到制怒与戒嚣张,便不难领悟其中的真谛。

"事临头,三思为妙,一忍最高。"你应当提高自己控制浮躁情绪的能力,时时提醒自己,并有意识地控制自己情绪的波动。千万不要动不动就指责别人,喜怒无常。改掉这些坏毛病,努力使自己成为一个容易接受别人和被人接受、性格随和的人,只有这样的人才能成大事。

爱是人间的一份力量,但是只有爱是不够的,必须还要有个"忍",忍辱、忍让、忍耐,能忍则能安。

要做个受他人欢迎的人,做个被他人爱的人,就必须先控制好自我的

声音和面色。面容、动作、言谈、举止,都是在日常生活中修养忍辱得来的。

做事,一定要秉持着"正"与"诚"的原则;而待人,则要有"宽"与"忍"的态度。要以超然的形态、宽大的胸怀来容纳他人。真正的圣人,既刚强又柔韧。柔能调服众生,刚能坚强己志。

一般人常言:要争这一口气。其实真正有修养的人,是把这口气咽下去。不要争面子,争来的是假的,养来的才是真的。

佛家提倡:人,大多有名利之心,与人争,与事争。如果能与人无争则人安,与世无争则事安;人、事皆无争,则世界亦安。能一字"忍"则无往不利,无事不成。人能"忍"则是非不生;出世之事业能永垂不朽,亦源自一字"忍"。

4.降低标准,是解决人生难题的一把钥匙

人往高处走,水往低处流,人生总是向上的,这是人们的认识,也是人生的理念,更是众生的普遍心理。

然而事实上,就是这个"人往高处走"的理念,毁了许多人,坑了许多人。客观地讲,人生一世,是不可能总往高处走的,沉浮起落,坎坷挫折,下坡路是很多的,而我们不能不走。这正如《贤愚经》中所说"常者总要消灭,高者必然堕落。合会终有离别,有生一定有死。"

有钱人变为没钱人,局长降为处长,老板变成小工,昨天的名人沦为今天的无名小辈……诸事不如前的情景每个人都经历过。每当这时,往日的标准都会被大打折扣。由此看来,人生不可能总是守在一个高标准上。高标准本身就是一种完美主义的化身,其中包含着对周围事物的苛求和对自己的苛求,结果是自己累垮了,周围人也受不了。

更何况,人生总有不顺的时候,诸如单位不景气,事业陷入困境,家庭遭受变故……随之而来的便是内在和外界的标准一同降低。如果这时谁还

第二章
改变你的做人方式,适应纷繁复杂的人际关系

保持一种高标准的心理期待,仍旧一味地人往高处走,就会遭遇打击,饱尝痛苦,陷入烦恼的境地。于是,这时降低标准,便成为惟一而正确的人生选择。尤其在当今这个充满竞争的社会,"高标准"往往是靠不住的,极易被动摇。学会降低标准,反而成了人们解决难题的一把钥匙。

我们所说的降低标准,并不是要你退缩,更不是要你消极,而是一种心理调节和应对。"人生总是不确定",外在的事物总在不断地变化,好与坏,顺与不顺,定交替而来。不管是在心理上,还是在客观上,过高的标准都会使人时时处处面临着一种高度的威胁。有时候,甚至会使人变得灰心丧气,破罐子破摔。

一味地高标准,不仅会伤害自己,同时也会伤害别人。现实社会中,许多人之所以不适应新的环境,之所以会痛苦烦恼,就是因为守着一个高标准不放。他们认为自己只能上升,不能下降。因此,高标准在很多时候反而成了极端片面的害人理念。

某公司被兼并了,几百名员工一同下岗,他们一蹶不振,而老李却挽起袖子,到一家小餐馆,做了一名跑堂儿。某企业倒闭了,人们丧气到了极点,老张却在第二天下楼修起了鞋子。老黄是某事业单位的领导,单位解散后,不但官职没了,吃饭也成了问题,他什么也没说,到一家公司做了一个看大门的。

降低标准,不仅要降低生活的标准,还要放低姿态,放下架子,不顾面子,甚至还要放弃内心的追求与以往美好的向往。

在人生的大逆转中,许多人之所以败下阵来,甚至从此被打败,都是因为不肯降低标准。而那些就此降低标准,降下身份的人,很快又会快乐起来。

由此可见,降低标准,是人生的一种快乐良方。只是这种良方,并不是每个人都领悟得到。纵观我们的一生,不管你是主动的,还是被动的,降低标准却是随时存在着的。降低自己的身份,降低自己的名誉,降低自己的头衔……正像佛家所说的"放下"二字。我们能否放下,同样需要英雄般的气概。

甚至肯不肯降低标准,有时反而成了一个人能否生活下去的必要条

件。说严重点,很多人都是病在、倒在、败在、死在了这个环节上。

许多伟人,许多大人物,其实都不是一味守着高标准不放的人,他们懂得在降低标准中完善自己,从头再来。为了能够活得好一些,并时时快乐着,降低标准,有时会是我们最明智的选择。

5.得意忘形是摧毁心智的利器

古往今来,凡是能够建立功业成就功勋的全都是谦虚圆融的人士,而那些执拗固执、骄傲自满的人往往与成功无缘。

三国中曹操败走华容道,虽然是败军之将,却对诸葛亮的军事才能百般嘲笑,结果落入孔明圈套,这时才羞惭万分。若不是关羽为报答恩情放他一马,恐怕曹操要死于赤壁的硝烟中。

古话说得好:"得意者终必失意。"人生在世,无论什么时候都要内敛,学会谦虚。

有一位满腹经纶的学者,不远千里去拜访一位作家。作家在桌上准备了两只斟满茶水的杯子,然后坐下,开始讲解人生的意义。

这位学者听着听着,觉得其中某些话似曾相识,好像也不是什么高深的理论。于是认为这位作家不过是浪得虚名,骗骗一般凡夫俗子而已。

学者越想越觉得心浮气躁,坐立不安,不但在作家的讲道中不停地插话,甚至轻蔑地说:"哦,这个我早就知道了。"

作家并没有出言指责学者的不逊,他只是停了下来,拿起茶壶再次替这位学者斟茶,尽管茶杯里的茶还剩下八分满,作家却没有把杯子里的茶倒出,只是不断在茶杯中注入温热的茶水,直到茶水不停地从杯中溢出,流得满地都是。这位学者见状,连忙提醒作家说:"别倒了,根本装不下了。"

第二章
改变你的做人方式,适应纷繁复杂的人际关系

作家听了放下茶壶,不温不火地说:"是啊!如果你不先把原来的茶杯倒干净,又怎么能品尝我现在倒给你的茶呢?"学者恍然大悟,惭愧不已。

做人大忌,就是得意忘形。纵观历史,凡得意忘形者,必没有好下场。得意忘形是摧毁心智的一把利器。

"那一次的纠纷,如果不是我帮他们解决了,不知还要闹多久。你要知道他们对任何人都不放在眼里,不过当着我的面他们就不敢含糊了。"即使这次纠纷确实是因为你的调解解决了,可是一句"当时我恰巧在场就替他们调解了",不是更让人敬佩?一件值得称道的事,被人发觉之后,人们自然会崇敬你。但假如你自己不讲究技巧,一味夸夸其谈,所得到的效果,必然会遭到大家的蔑视或嘲笑或嗤之以鼻。

法国大哲学家罗斯弗柯说:"圣人谈话,如果把自己说得比对方好,便会化友为敌,反之,则可以化敌为友。"

1858年,林肯到半开化的伊里诺州南部去演讲。我们知道林肯是主张解放黑奴的人,而伊里诺州南部的人民,思想正和林肯相反,他们憎恨反对黑奴的制度,正如他们好斗酗酒一样。当他们听说林肯要去演说,就预备闹乱子,想把林肯赶出当地,而且还想把他杀死泄愤。

林肯早已经知道在这个地方演讲是很危险的,然而,他说:"只要他们肯给我一个说几句话的机会,我就可以把他们说服!"他在开始演讲之前,亲自去会见对方的头目,并且和他们热烈握手。

然后,他用十分温和的态度,作了一篇演说。这篇演说极为有名,讲话的声音也十分的谦逊恳切,因此,把一场即将发生的险恶波涛,变得风平浪静。他们本来仇视他,现在反把仇视变成了友谊,而且对他的演说,还以怒涛般的鼓掌。后来,这群粗鲁的人,还成为林肯竞选总统时最热烈支持的群众。

对于谦逊,我们还要指明一点的是:在这个现实的世界,如果你有好的道德与才能,却没有人知道,那就不容易得到很好的回报。所以,过度的谦

适应力——你可以不怕改变

虚并不是一种可取的美德。

谦逊与恰当的自我标识相结合,是一个人获得成功的途径之一。古人说:"谦恭有度",讲的是君子的情操和待人接物的态度。君子待人要谦虚,对待长辈更要恭顺有礼,但绝不可谦虚过度,如果太谦虚太礼让,矫揉造作,反而会给人留下华而不实的印象,这就是过犹不及的道理。

6.可以做错事,但一定要勇于面对真实的自我

人非圣贤,孰能无过。身为凡夫俗子,一辈子不犯错是很难做到的。可以说,犯错是人的一项基本权利。但是,有一点必须明确,可以做错事,但千万别做错人。重要的不是做错什么事,而是你用什么样的态度去对待你曾经犯过的错。

1952年7月26日,阿根廷第一夫人艾薇塔·贝隆走完了她年仅33岁的人生历程。整个阿根廷笼罩在浓重的悲痛之中,阿根廷人停止了工作学习和生活,从四面八方涌向首都布宜诺斯艾利斯。政府宣布全国服丧,同时将普拉塔市更名为艾薇塔·贝隆市。七十万人向艾薇塔的灵柩致哀,有人当场哭晕过去,16人因挤撞而丧生。从此,阿根廷的7月26日只属于这位传奇的贝隆夫人,尤其在政治动荡和经济萧条时,她更成为广大百姓的寄托、希望与怀念。

艾薇塔是一个自小被父亲抛弃的私生女,同母亲过着贫苦的生活,同时忍受着人们的欺弄与嘲笑。父亲去世时,艾薇塔前去吊唁,却被当作野孩子给轰出来。过早痛苦和屈辱的经历在造就一个人倔强、执着的性格同时,也会催生她偏执的理想和难平的欲望。

一个毫无家世背景和社会地位的卑微的私生女,想成为首都的大人物,唯一可以利用的就是自己的青春和美貌。她甚至做过妓女,后来又当过

第二章
改变你的做人方式,适应纷繁复杂的人际关系

演员、主持。她一次次利用自己的身体和所谓的爱情,将无数男人迷倒在她的石榴裙下。

在放荡的生活中寻找机遇的艾薇塔于1943年,遇到了贝隆上校。贝隆对穷人悲苦的同情和对富人奢侈的批判深深吸引了艾薇塔,她认为只有这个男人,才能结束她奢靡堕落的生活,实现她的理想。

艾薇塔与贝隆相恋了!

艾薇塔与贝隆上校这对政治情侣宣扬的"民主、自由、平等"在阿根廷掀起一股强劲的政治风暴,极大刺激了国内的反动派,贝隆上校被送进了监狱。在贝隆最沮丧、最失落甚至萌生退意时,艾薇塔用她不灭的政治热情为贝隆上校重新点燃希望。她慷慨激昂的走向街头,提醒民众贝隆对下层群众的关注,成千上万的民众高呼着贝隆的名字,要求当局释放贝隆。贝隆被释放后的第一句话就是:"感谢艾薇塔!感谢人民!"

贝隆成为总统后,艾薇塔理所当然成为了第一夫人,掀开了她成为"阿根廷之母"的光辉篇章!

童年的经历强烈的影响了贝隆夫人的政治倾向。她为提高阿根廷的社会保障、救济、劳工待遇、教育水平等问题忙得焦头烂额,她发誓要改善阿根廷底层人民的生活水平,而且永远站在穷人那一边,成为他们最好的朋友与旗手。同时,她积极维护女性权益,为女性争取选举投票权!

就像《阿根廷,别为我哭泣》的歌中唱到的一样:

"我无法避免其发生,

我不得不去改变,

不能听凭自己随波逐流,

这本非我所望,

……"

贝隆夫人从未避讳过她堕落放荡的往事,她毫无隐瞒地主动告诉人们她的一切,永远以最真实的面目出现在公众面前,并以此激励那些生活在社会最底层的穷人尤其是女性奋进。她的政敌,那些富有的、亲英国的高层阶级鄙视她的出身,批评她早年的浪荡生涯,却也不得不钦佩她的诚实与

适应力——你可以不怕改变

勇气。他们只能攻击她,却不能诋毁她。因为再怎样的编造也比不过她的真实经历。

而穷人们则愈加热爱真实而勇敢的艾薇塔。不少阿根廷的少男少女们将她视为偶像,穷人将她视为救星。在很多人家中,艾薇塔画像与耶稣像并排贴在墙上。在穷人们的眼里,她是一位女神和一位仁慈的救世主!

这就是真实的力量!

走过很多的弯路之后,真实就是最大的美德,它会使我们内心坦然。而说谎、虚假、欺瞒,则会折磨我们的良心,使我们的心境始终处在一种灰暗、紧张、忐忑不安的状态中。这种自我折磨正是不真实的必然结果。

古波斯诗人萨迪说:"讲假话犹如用刀伤人,尽管伤口可以治愈,但伤疤将永远不会消失。"他还说:"宁可因为真话负罪,不可靠假话开脱。"

可以做错事,但一定要面对真实的自我。当你真的具备这个勇气的时候,你会因此收获许多。发现了真,也就找到了生命的本质;发现了善,也就知道了怎样去做人;发现了美,也就获得了生存的追求;发现了本质,就不会为表象所迷惑;发现了真理,就不会被谬论所纠缠;发现了光明,在黑暗中就不会困顿;发现了价值,在荒芜面前就能从容前行;发现了动力,在遭遇厄运时依然会执著奋斗;发现了崇高,才不为卑微的心态所引诱;发现了正义,才会不怕邪恶的恐吓。

7.懂得换位思考的人才是聪明睿智的人

换位思考,顾名思义,也就是换个立场来思考问题。其实在生活中,这种思维方式益处是很大的,商家一旦从消费者的角度来考虑他们的需求,商业利润将源源不断;老师一旦从学生的角度来考虑,讲课也将变得很容易。

第二章
改变你的做人方式,适应纷繁复杂的人际关系

当你不理解别人时,当你因为社交方面而苦恼时,试着从对方的立场思考一下,或许能达到意想不到的效果。懂得换位思考的人心胸宽广、聪明睿智;懂得换位思考的人在许多事情的处理上往往比别人棋先一招、技高一筹。

在人多的场合,婴儿更容易啼哭,很多人并不明白这是为什么。其实你蹲下来,从婴儿的位置来看世界。你会发现,原来婴儿没有办法看到别人的脸只能看到大家的腿。

为什么父母子女之间会产生代沟,老师与学生之间交流会有困难,人与人之间无法真正交心呢?就是因为这个世界是成人的、理性的、冷静的、逻辑的、自我的,不符合这类标准就会受到冷落、打击及制止。

所以,换位思考在人际沟通上是非常重要的,因为不了解对方的立场、感受及想法,我们无法正确地思考与回应。换位思考其实就是"理解"别人的想法、感受,从对方的立场来看事情。它需要一点好奇心,然而遗憾的是,许多人的换位思考都缺少了这一要素,他们总是站在自己的位置上去猜想别人的想法及感受,或是站在一般的立场上去想别人"应该"有什么想法和感受。

很多时候,我们都会为别人着想,但是,别人却并不一定喜欢你为他所做的一切。当事情的后果不如我们所想象和期待时,我们多半会觉得委屈,"好心没好报"。那么,是别人真的不明白我们的"好心"吗?

仔细分析,你就会发现,这种换位思考其实只是以本位主义来了解别人的想法及感受,并非真正地为别人着想。它忽略了"对方"真正的想法及感受,所以必然难以得到他人的感激和谅解。

其实,换位思考并不难,难的是你不会放下自己的主观判断。只有充分地了解对方的心理,才能真正做到"换位思考",也就能够采取正确的方式做正确的事。

不论是在生活中还是在工作中,人们常常会为一些矛盾各执己见,争论不休,最后不欢而散。这不仅伤了和气,还于事无补。其中的原因,就是矛盾双方都没有换位思考意识,没有站在对方的角度上去考虑问题。

要营造一个和谐的工作氛围和社会环境,必须要学会换位思考。

当问题出现,矛盾产生,当事双方或多方首先应该进行沟通,应以平和

适应力——你可以不怕改变

的心态,平等的位势,用心、专注地倾听对方把话说完,尽量准确地了解问题的所在,便于有的放矢。

换位思考是人与人之间的一种心理体验过程。将心比心、设身处地,是达成理解不可缺少的心理机制。将自己的内心世界,如情感体验、思维方式等与对方联系起来,站在对方的立场上体验和思考问题,从而与对方在情感上进行沟通,为增进理解奠定基础。

换位思考的实质是对交往对象的切身关注,深入对方的内心世界。它既是一种理解,也是一种关爱。

虽然我们每个人因为性格、经历、观念、爱好、学识等不同,个人的需要也必然会千差万别,但每个人的需要都有其共性。我们可以把自己放在对方的角色中来考虑自己的需要,从而推断他人的想法。这是我们了解洞察别人心理的一个入口。

一个人不管他嘴上怎么说无所谓,都是非常关注自己在别人心里的价值的,我们从心底里期望得到他人的重视、承认、尊重和赞赏。当这种心理需要得到满足时,我们就会有一种很好的感觉,心情愉快、充满信心;倘若这种需要总是遭到他人的忽视、否定甚至有意的剥夺时,我们不仅情绪低落、郁郁寡欢,有时还会因缺乏理智而出现攻击性的言行。

所以,卡耐基说:"人类本性最深的需要是渴望别人的欣赏。"詹姆斯也说:"人类本质中最殷切的需求是渴望被肯定。"

卡耐基曾写过一本享誉世界的书——《人性的弱点》。经过广泛而深入的访问和调查,他发现人性的弱点在于每个人都希望和喜欢别人肯定、鼓励和赞扬自己,而害怕批评、斥责和抵触他人对自己挑毛病、泼冷水。卡耐基说:"批评、责怪就像家鸽,你放飞后,它们总会回来的。如果你我之间明天要造成一种历经数十年、直到死亡才消失的反感,只要轻轻吐出一句恶毒的评语就行了。"

因此,在开口说话前,先问一下自己:

当我犯了过错时,我希望别人批评我吗?

——不,我希望得到原谅;

第二章
改变你的做人方式,适应纷繁复杂的人际关系

当我做得不好时,我希望别人嘲笑我吗?
——不,我希望得到鼓励;
当我遭到挫折时,我希望别人幸灾乐祸吗?
——不,我希望得到帮助;
当我情绪低落时,我希望别人冷落我吗?
——不,我希望得到安慰;
当我总是听不懂时,我希望别人觉得我烦吗?
——不,我希望得到耐心。
……

那么,当他人处在类似情景时,就做对方希望你做的事吧。

有时候自己认为正确的观点,在别人眼里未必如此。在考虑问题时,应该先卸下自己的观点,换个角度来思考,你就会了解看待事物的方式其实不止你这一种。

一个小男孩去食品店买冰激凌。他坐在桌子旁问售货员:"蛋卷冰激凌多少钱一个?"

售货员回答说:"75美分。"男孩开始数他手中的硬币,然后又问小碗儿冰激凌要多少钱,售货员极不耐烦地回答道:"65美分。"

男孩买了小碗儿冰激凌,吃完后就走了。当售货员来收空盘子时,发现盘子里放着10美分的小费。

用希望别人对你的方式来对待别人,是将心比心;用别人期望的方式来对待别人,是善解人意;为对方着想,是最朴素也是最高超的技巧。

换位思考,要学会沟通,学会宽容,学会合作,而换位思考的结果,就是双赢。如果我们时时处处都能站在别人的角度思考问题,体验他人的情感世界,我们就能融洽、友善地与人相处。

适应力——你可以不怕改变

8.求人不丢人——放下"不必要"的面子,解决问题才是首要

很多人总觉得"求人"是一件丢人的事情,往往因为抹不开面子而办不成事。但是,生活对人们说:"你必须求人。"很多时候,我们不应拘泥不化,放下所谓的"面子",解决问题才是首要。

战国时期,有个名叫许行的楚国人来到滕国,他和自己的几十个门徒穿着粗麻织成的衣服,靠编草鞋、织席谋生,自耕自足、不求他人为乐,并据此指责滕国的国君不明事理。因为在许行看来:人不能依赖别人,不能向人求助,所以身为一个真正贤明的国君,他既要替老百姓服务,同时还要和老百姓一样自耕自食;如果自己不耕种而要别人供养,那就不能算作是贤明的国君。

一个叫陈相的人把许行的所作所为及其主张告诉了孟子。

孟子问陈相:"许行一定只吃自己耕种收获的粮食吗?"

陈相回答:"是的。"

孟子接着又问:"那么,许行一定自己织布才穿衣吗?他戴的帽子也是自己做的吗?他煮饭的铁甑都是自己亲手浇铸的吗?他耕作用的铁器也都是自己亲手打制的吗?"

陈相回说:"都不是的。这些物品都是他用米、草鞋、草席这些东西换来的。"

孟子说:"既然是这样,那就是许行自己不明白事理了。"

孟子和陈相的对话,明白地指出不论衣食住行等等,我们都是有求于人的。即使拥有上亿财产,也不见得买得到你真正想要或需要的东西。

第二章
改变你的做人方式,适应纷繁复杂的人际关系

宋代有一位理学家叫做张九成。张九成告老还乡之后,对当时流行的禅宗产生了极大的兴趣,甚至专程去拜访禅学大师喜禅师。

喜禅师问他:"你来此地有何贵干呢?"

他学着禅师的口吻说:"打死心头火,特来参喜禅。"

禅师便说:"缘何起得早,妻被别人眠。"

张九成经禅师这一说,怒声骂道:"无明真秃子,岂敢发此言。"

禅师微微一笑,说道:"你本非我佛中人,非要来凑热闹。我刚刚一煽风,你那边马上就起火,这种修养也能参禅吗?"

张九成这才明白喜禅师刚才是在试探他。他非常后悔,可是已经来不及了。

这个故事讲的是儒家和禅宗的关系,但也可以用来说明求人成事时的面子问题。

很多人信奉"万事不求人"或"求人不如求己"的原则,认为请求别人帮助是自己无能的表现,似乎有些丢脸。这种看法是偏颇的。人与人之间的互相帮助是生存与生活的必然现象,而非"无能",更不会"丢脸"。因此要找人办事、学会求人,就必须要"打死心头火"。如果像张九成那样一听到对方的话让自己不开心就马上"火冒三丈",这样是难以悟得求人成事的要义的。

要想求人,脸皮薄可不行。所谓"人在矮檐下,不得不低头"。求人成事,脸皮薄、放不下清高的架子是断不会成功的。

如美国著名企业家艾科卡的故事:

20世纪80年代,艾科卡由于遭人嫉妒和猜忌被老板免去了福特汽车公司总经理的职务。面对打击,他没有消沉,而是立志重新开创一片天地。为此,他拒绝了数家优秀企业的招聘而接受当时濒临破产的克莱斯勒公司的邀请,担任总裁。

到任后,他首先实施以品质、生产力、市场占有率和营运利润等因素来决定红利政策。他规定主管人员如果没有达到预期的目标就扣除25%的红

适应力——你可以不怕改变

利;他还规定在公司尚未走出困境之前,最高管理阶层各级人员减薪10%。

这一措施推出后,有人反对有人赞成,反对的人是公司的元老,认为这样做损害了他们的利益。艾科卡冷静地面对这一切,并且自己只拿一美元的象征性年薪,让反对他的人无话可说。

为了争取政府的贷款,艾科卡四处游说,找人求人,接受国会各小组委员的质询。有一次,由于过度劳累,导致他眩晕症发作,差点晕倒在国会大厦的走廊上。为了取得求人、办事的成功,艾科卡把这一切都忍了下来。结果,他领导着克莱斯勒公司走出困境,到1985年第一季,克莱斯勒公司获得的净利高达五亿多美元。艾科卡也从此成为美国的传奇人物。艾科卡取得巨大的成功,其秘诀就是"打死心头火"。

然而这里的"心头火"指的是高傲的自尊,而不是为了目标努力耕耘、勇往直前的热情。

求人时最忌讳的便是为了面子问题而发怒。发怒的结果非但不能解决问题,反而会得罪了能帮助你的人。求人遭遇刁难时,不妨先按耐住火气,拿出你的热忱,让别人看见你真正的需要,让他了解你的目的。张三拒绝你,不妨找李四,李四拒绝你,再找王五,总会找到肯帮助你的人。千万别为了一时的面子,而忘了求人真正的目的是"解决问题"!

当然,我们提倡的放下面子,并不是让你弯腰驼背,低三下四,只是让你放下"不必要"的面子,大胆地跨出去。

唐代诗人白居易16岁到长安应试,向当时的名士也是著名诗人顾况求助,希望对方能推荐自己。

当时,白居易还只是一个无名小辈,地位已经很高的顾况自然瞧不起这个年轻人。一看见他姓名中的"居易"二字,顾况就嘲笑他说:"长安米贵,居不大易。"

言下之意是非常明显的,就是我为什么要帮助你这个无名小辈呢?并且帮助你在长安成名又有什么意义呢?但当顾况接着看白居易递上去的诗

第二章
改变你的做人方式,适应纷繁复杂的人际关系

作,翻阅到其中《赋得古原草送别》一首时,不由得精神顿时清爽起来:

离离原上草,一岁一枯荣。

野火烧不尽,春风吹又生。

远芳侵古道,晴翠接荒城。

又送王孙去,萋萋满别情。

这首诗写得极有气势,把自然界的草木荣枯与人生的离合悲欢联系起来。特别是"野火烧不尽,春风吹又生"二句,表现出一种饱受摧残,而仍然不屈不挠、奋发向上的精神。见此,顾况不由得击节赞叹,改口称赞说:"有才如此,居亦易矣!"顾况认为白居易是个值得自己帮助的青年,于是答应了白居易的求助,帮助白居易广交长安名人雅士,并在仕途上助他一臂之力。

白居易以不卑不亢的态度,用过人的才华为自己赢得成功的机会。求人时,不妨想想你有什么地方值得让人帮助你:向人借钱,是不是该让人知道你有多少还钱的实力;向人求工作,是不是该让她知道你的工作能力能为他带来多少利润;向人求爱,是不是该让他晓得你值得对方爱的优点?

求人不必总是低声下气,但也不可狂妄自大。如果你是求人时的强者,完全没有必要摆出居高临下的样子,而应该表现出自己平易近人,开朗、热情、主动,目中有人,尊重对方,再配上微微一笑,使对方感到亲切而温暖。这样,就会给求人与被求双方创造一种友好亲切的气氛,解除那种由于你的身分、你背后的权力与经济实力加在对方头上的沉重压力。总之,身为强者的你应该放下架子,以缩短双方的距离,激发双方思想感情上的共鸣,以谦和的态度赢得对方的信任并达到自己求人成事的目的。

而作为地位比对方低的求人成事者,则应该不为对方的权势所动,不为对方的身分、地位所左右,克服畏惧、紧张、羞怯、遮掩的不良心态,大胆地表明自己的来意。应使自己振作起来,以不卑不亢态度与对方会谈,尽可能地展示自己的才华,这样才能在求人成事时获得成功。

✓ 适应力——你可以不怕改变

9.相信就是力量,信任帮你赢得好人缘

相信就是力量,人与人之间的信任有时能发挥与信仰相同的巨大能量。

战国时期,魏文侯派乐羊攻打中山国时,当时就有人劝文侯说:"乐羊的儿子乐舒在中山国位居高官,怎么能让他担任大将?"

魏文侯经过考虑后,决定还是派乐羊去。

乐羊到中山国后,驻兵三月未攻,因为当时中山国君屡次让乐舒去找乐羊,要他延缓进城。消息传到魏国,大臣怨声鼎沸,而魏文侯却对乐羊深信不疑。

乐羊不攻城,其实有他自己的道理:"我要让中山国的百姓看到他们的国君是怎样地不讲信用。"后来,中山国国君为了胁迫乐羊,把他儿子煮成肉羹,差人送给乐羊。乐羊坐在军帐里端着肉羹吃了起来,一碗吃尽,立刻下令攻城。

中山国国君这样的举动让百姓大失所望。乐舒并未背叛他,而且还成功地让乐羊延缓攻城,让他有时间与大臣商议对策。但中山国国君却反而杀了乐舒,还残忍地将他煮成肉羹送入他父亲的口中。中山国的百姓知道自己的国君如此对待对国家百姓有功的乐舒,又怎么能够保全自己一家大小的安全呢?

中山国国君由于失去了百姓的信任,所以一战即败,魏军迅速占领了中山国。

乐羊凯旋时,魏文侯亲自出城迎接,大摆宴席为他庆功。宴席上赐给他两箱礼物。乐羊回家打开箱子一看,箱子里全是大臣们弹劾他的奏章。第二天,乐羊前去谢恩。

魏文侯说:"我知道,只有你才能担当这一重任。"

第二章
改变你的做人方式,适应纷繁复杂的人际关系

以上就是著名的"乐羊不攻城"的故事。信任的力量在这个故事中产生了两极化的结果:中山国因此亡国;魏文侯因此得一忠诚猛将。魏文侯如此信任乐羊,是缘于他对乐羊有充分的了解。

但是,求人与助人中如果信任那些自己不了解的势利小人,则会给自己带来无穷的祸害,就如同故事中可怜的乐舒。

那么,如何能够判断哪些人足以信任,哪些人不能呢?不妨看看汉朝的汲黯是怎么分辨的。

汉武帝的大臣汲黯是个威武不屈的忠义之臣。在他位居高官时,许多人到他的家里来拜访,向他求助。他家里常常高朋满座,把门槛都踏坏了。

后来汲黯由于直言上谏激怒了汉武帝,被免去官职。过去的那些朋友一个也不来了,家门前可谓门可罗雀。不仅如此,这些朋友还在背后恣意攻击他,把他过去作为知己说的知心话广为传播,四处败坏他的声名。

后来,汲黯官复原职,一些中断来往的昔日"朋友"又想来拜会他、向他求助。结果,当然遭到了他的愤然拒绝,因为他已尝到信任这种势利小人的苦头,不想重蹈覆辙!

能够在危难时不离不弃并伸出援手的人,才足以信任,魏文侯之于乐羊是这样;汲黯的昔日朋友之于他更是如此。

以诚待人,才会对人有信用,需要帮助的时候,就可以利用这种信任。就像求助中借来的财物能及时归还的人,必然能获得下次的援助一样,这就是人们常说的:"有借有还再借不难。"如果借钱不还谁还会再借给你?

求人时,自己既要守信,同时也要学会信任他人。信任那些经过长期考验、值得依赖的人,不轻信势利小人,才能得到适当的帮助、避免祸害、万事亨通。

"君子一言,驷马难追",讲的是做人的信用度。一个不讲信用的人,是为人所不齿的。现在的生意场上,公司、企业做广告做宣传,树立公司、企业

适应力——你可以不怕改变

在公众中的形象,为的就是提高公司、企业的信用度。信用度高了,人们才会相信你,愿意同你往来,成交生意,你办事才会更容易成功。

人无信不立。信用是个人的品牌,是珍贵的无形资产。有形资本失去了还可以重新积累,而无形资产失去了就很难再重新获得。即便处境再艰难也不能透支无形资产。

诸葛亮有一次与司马懿交锋,双方僵持数天,司马懿就是死守阵地,不肯向蜀军发动进攻。诸葛亮为安全起见,派大将姜维、马岱把守险要关口,以防魏军突袭。

这天,长史杨仪到帐中禀报诸葛亮说:"丞相上次规定士兵100天一换班,今已到期,不知是否……"诸葛亮说:"当然,依规定行事,交班。"众士兵听到消息立即收拾行李,准备离开军营。忽然探子报魏军已杀到城下,蜀兵一时慌乱起来。

杨仪说:"魏军来势凶猛,丞相是否把要换班的4万军兵留下,以退敌急用。"诸葛亮摆手说:"不可。我们行军打仗,以信为本,让那些换班的士兵离开营房吧。"众士兵闻言感动不已,纷纷大喊:"丞相如此爱护我们,我们无以报答丞相,决不离开丞相一步。"蜀兵人心振奋,群情激昂,奋勇杀敌,魏军一路溃散,败下阵来。

诸葛亮向来恪守原则,换班的日期来到,即毫不犹豫地交班,就是司马懿来攻城也不违反原则。以信为本,诚信待人,所以受他人敬重。

顾炎武曾以诗言志:"生来一诺比黄金,那肯风尘负此心",表达了自己坚守信用的态度。言必信,行必果。不但是对别人的尊重,更是对自己的尊重。

当朋友托我们办事时,我们提供帮助是在情理之中。但是,办事要量力而行,不要做"言过其实"的许诺。因为,诺言能否兑现除了个人努力的问题,还有一个客观条件的因素。平时可以轻易办到的事,由于客观环境变化了,一时又办不成,这种情形是常有的事。因此就需要我们在朋友面前不要轻率地许诺,更不能明知办不到还打肿脸充胖子,在朋友面前逞能,许下

第二章
改变你的做人方式,适应纷繁复杂的人际关系

"寡信"的"轻诺"。

当你无法兑现诺言时,不仅失了信用,还会因此失去更多的朋友。

有一个年轻人在银行工作。他过去的老师想开一家公司,却缺少资金,便去问他能不能帮忙贷款。他想:"这是老师第一次找自己帮忙,怎么能拒绝呢?"当即一口答应。可是,他毕竟刚参加工作不久,还没取得说话的资历,老师的贷款请求又不完全合乎规章。所以,当老师租好门面,请好员工,等着资金开业时,他这里却拿不出钱来,搞得很被动。老师大怒,责备他说:"你这不是捉弄我吗?你即使不想帮我,也不该害我!"他能说什么呢?只能苦笑而已。

有些人因不好意思拒绝别人而向他人承诺,而有些人则喜欢胡乱吹嘘自己的能力,随随便便向别人夸下海口,承诺自己根本办不到的事情。结果不但事情无法办成,自己的人缘也搞臭了。

某厂职工小明,经常向同事炫耀自己在市房管所有熟人,能办房产证,而且花钱少、办事快。开始人们还信以为真,有些急于办理房产证的同事便交钱相托,但时过多日,都不见回音,问到小明,他说:"近来人家事儿太多,再等等。"拖得时间长了,同事们对他的办事能力产生了怀疑,便向他要钱,他找理由说:"谋事在人,成事在天。懂不懂?你的事儿虽然没办成,可我该跑的跑了,该请的请了,你总不能让我为你掏腰包吧?"言下之意,钱没了。

从此以后,小明的话再也没人信了,以至于人们在闲暇聊天时,只要小明往人群里一站,大伙就好像有一种默契似的,始而缄默不语,继而纷纷散去。

既然许下诺言,无论刀山火海都不能反悔,绝不能言而无信。

所以,不要轻易向人承诺,更不要向人许诺你可能办不到的事,这是不失信于人的最好方法。

适应力——你可以不怕改变

要获得守信的形象并不容易。最关键的一点是：别答应你无法兑现的事。这不仅是一个主观上愿不愿意守信的问题，也是一个有无能力兑现的问题。一个人经常许诺自己无力完成的事，自然只会使别人一次又一次的失望了。

一个商人临死前告诫自己的儿子："你要想在生意上取得成功，一定要记住两点：守信和聪明。"

"那么什么叫守信呢？"儿子焦急地问。

"如果你与别人签订了一份合同，而签字之后你才发现你将因为这份合同而倾家荡产，那么你也得照约履行。"

"什么又算聪明呢？"

"不要签订这份合同。"

将守信理解为一种品德，较难坚持。而将它理解为一种回报率很高的长期投资时，则比较容易使之变成一种自觉的行动。当你成功塑造了一个守信用的形象时，就会赢得越来越多人的信任，因而也会带来越来越多的机会。这就好似拥有了一座金矿。反之，缺此一条，别的方面再优秀，也难成大器。

下面几个小要诀，让你在工作中赢得好人缘。

1）不要随意抖落隐私。尤其是当你的生活出现危机，比如失恋了，跟老公吵架了时，千万不要在办公室里随便找个人吐苦水；如果你的工作出现了问题，比如交给你的任务太艰巨，对老板、同事有意见时，更不应该把同事作为倾诉对象。不过，需要注意的是，在工作中互帮互助、团结协作、真诚待人是必要的。毕竟能够在一起共事也是一种缘分，而且，对于一个团队来讲，这些都是变得更优秀的基础条件。

2）要有人情味。当同事身处逆境时，你应该伸出援助之手，给予力所能及的帮助；当同事遭到误解时，要表示理解和安慰；当同事情绪低落、心情苦闷时，去真诚地关心他。只要你付出的是善意，就将会赢得对方的感激和信任。

3)向有"好人缘"的同事靠近。在选择朋友、建立自己的人际关系网时，应该尽量选择人缘比较好的人。如果你的关系网络全部由"好人缘"的人组成，那么，这个关系网络的力量将是无穷的，而身在其中的你也会因此而受益匪浅。

4)拥有海纳百川的胸怀。在职场中，一定要懂得忍耐和宽容。身处职场，由于各种关系错综复杂、盘根错节，

人事纠葛时有发生。当与他人发生矛盾时，当被人误解和非议时，我们要抱着君子坦荡荡的态度一笑置之。

10.培养维护交情的好习惯

习惯人皆有之。南方人习惯吃大米，北方人习惯吃面条，这是生活习惯。有的人喜欢边听音乐边学习，有的人则习惯于神情专注、不受干扰，这是学习习惯。有的人工作时习惯快刀斩乱麻、雷厉风行，有的人则习惯有头有绪、条理不紊，这是工作习惯。

习惯几乎可以说是无处不在、无孔不入。正因为习惯如此之多，以至于人们常常忽视它的存在，无视它的作用。但是，你可千万不能轻视它。好习惯是成功的助力器，而坏习惯则可能是通往成功之路的绊脚石。

每一位成功者都有许多良好习惯致使他们成功。萧伯纳坚持"该先做的事情就先做"的习惯使他成为著名的作家；爱迪生坚持想睡就睡的习惯，保证了他工作时极高的效率，使思维活跃，从而有了一个又一个发明创造；约翰·洛克菲勒坚持工作有张有弛的习惯，使他成为了全世界拥有财富最多的人之一。这样的例子简直多得不可胜数。

事实上，失败的人和成功的人之间，有很多东西是相同的，而往往在习惯方面却有很大的差异。正是这些不同造成了他们不同的命运。这是为什

适应力——你可以不怕改变

么呢？因为习惯是在长时期里逐渐养成的一种不容易轻易改变的行为、倾向或社会风尚。

当我们每天重复做相同的一件事情时，那件事情就会成为习惯。所有的习惯都是养成的。维护人缘自然也是一种好习惯，不能有事的时候才去求人，在平日里就应给自己培养起维护好人缘的良好习惯。

1）信息最重要。

曾有一名技术员，特爱喜欢交朋友，无论是同事、上司，还是顾客、同行，甚至是保安、餐厅的工作人员他都非常熟悉。只要是有过一两次来往的人，他都会把对方的电话记在电话本上。他的电话本攒了厚厚的一摞。不仅如此，所有电话本上的人，他都会经常打个电话或者发个短信联系一下。

随着他的职位升为项目经理，他认识的人也越来越多。三年前，他辞职开始自己创业，无论是启动资金，还是创业项目，甚至手下的员工，都是来自于自己的人脉资源。到今年，他已有两三百万的资产了。"掌握了人脉资源，就抓住了成功的关键。"人脉是事业成功的助推器，可以加快成功的速度。人脉资源为职场人士打开了机遇的天窗，在各种人脉帮助下使得事业从起步时就站在了"巨人"的肩膀上。同时，人脉资源往往能在关键时刻或危难之际对你有所帮助。

在职场中信息最重要，可以说人脉资源就是职场的情报站。人脉有多广，情报就有多广。拥有无限的信息，事业上就等于拥有了无限发展的平台。

2）工作中认识的人一概积存维护起来。

人脉资源包括亲人、老乡、同学、同事、顾客等。每个人都在不断开发自己的人脉网络，区别在于成功的人总是比一般人具有更庞大和更有力量的人脉网络。

工作中常会接触到不同的人，有的人寒暄一番，礼节性地互留名片，过后名片便成为了一张废纸；而有的人完成工作后，还会后期跟进，与对方建立良好关系。项目结束，如果不适合再与客户交往，可以以推荐人的身份出现："朋友有个项目，我觉得你们比较合适，是不是找个时间聊聊？"既帮朋友拓宽了选择面，又替客户搭上了线，成为人际关系的一剂润滑油。

第二章
改变你的做人方式,适应纷繁复杂的人际关系

3) 无论"大小"都是资源.

有的人眼睛只盯着上层人士,而忽视了同事、下属;有的人只结交年长有经验的人,而忽视了年轻人。其实无论什么样的人,都是不可缺少的资源。

人脉资源可以分为金融人脉资源、行业人脉资源、技术人脉资源、思想智慧人脉资源、媒体人脉资源、客户人脉资源等。即使是一个普通的技术员,也许通过他可以为企业挖到优秀人才,即使是80后、90后的"小朋友",和他们接触也能了解一些新的信息。"人的精力有限,不可能所有的人脉关系都一碗水端平。因此,人脉也有大小之分。"所谓的"小人脉"是可以为自己提供服务,以备不时之需的人,比如,办公用品商、网络维护员、物业管理人员等。这一类"小人脉",大多不必费心维护,只需建立清晰的数据库便可。而"大人脉"则是对自己事业发展有重大影响的人,这一类人脉一定要精心维护。

此外,人脉资源既要有广度和深度,还需要有关联度。人脉的关联度指的是人脉关系与个人所从事行业的相关性和人脉资源直接的相关性。也可以利用朋友的朋友或他人的介绍等去拓展自己的人脉资源。从长远考虑,千万不要有人脉"近视症",需要关注其成长性和延伸空间。

4) 维护人脉从问候开始

"一般来说,问候是维护人脉关系的基础。"无论是熟与不熟的人脉关系都要定期或不定期地问候对方,人常说"见面三分情"。即使不能当面问候,电话、短信联系,也可以增进感情。经常问候,不至于与对方疏远,甚至被对方遗忘。一旦有需要动用起来也可以毫无愧色,同时,还能从各种人脉关系中了解各种信息,从中找到商机。

维护人脉关系,最重要的是双赢。人际交往是双向互惠的,单向利己的行为断然不能长久。不要有"吃亏"的念头,患得患失、因噎废食或心存侥幸。

要做到乐于同别人分享,这其中包括:分享自己的专业知识帮助别人;分享资源,包括物质和朋友的关系;分享爱心,实在帮不上忙可以向对方表达真诚的关怀,别人也会因此铭记在心。

总之,人脉关系将伴随人的一生,是最大的财富。无论如何建立和维护

适应力——你可以不怕改变

人脉资源,以诚待人是人际交往的根本。

5)对他人表示感谢,强化他的成就感

维持良好的人际关系,表达心意最简洁的一句话就是"谢谢"。诚恳地说声"谢谢"会带给对方最大的满足和感动。

"谢谢"虽然只是一句简单的话语,但只要你运用得当,就可以给别人留下深刻的印象。每个人为他人所付出的努力,都希望获得预期的结果和反馈,特别是当他人为你提供了某些帮助的时候,尽管对方口头上说"这是应该的""这没什么大不了""不值得一提",但是,在他人的内心,其实是希望得到你的重视和认可的。你的一句话、一个笑脸都能让他人备受鼓舞,而再接再厉下去。

美国的心理学家和行为科学家斯金纳认为,人或动物为了达到某种目的,会采取一定的行为作用于环境。当这种行为的后果对他有利时,这种行为就会在以后重复出现;不利时,这种行为就会减弱或消失。人们可以用这种正强化或负强化的办法来影响行为的后果,从而修正其行为,这就是强化理论。

所谓强化,从其最基本的形式来讲,指的是对一种行为的肯定或否定的后果(报酬或惩罚)。它至少在一定程度上会决定这种行为在今后是否会重复发生。根据强化的性质和目的可把强化分为正强化和负强化。正强化就是鼓励那些自己需要的行为,从而加强这种行为;负强化就是惩罚那些与自己的预期不相容的行为,从而削弱这种行为。

在社交上,正强化的方法包括认可、表扬、给予物质反馈等;而负强化的方法包括批评、蔑视、远离他人等。

当别人给你帮忙了,你应及时地表达自己的感激之情,你的感激之情表达得越充分、越及时,他们就越会觉得自己的付出是有意义的。否则,他们会认为自己"费力不讨好""白帮忙"了,下次当你遇到困难的时候,所有的人都可能离你远去。

我们平时说谢谢时,通常是基于一种礼貌。但是当你想要表达一种内心的感激时,只说谢谢两个字是远远不够的。必须结合你的表情和声调,让

第二章
改变你的做人方式,适应纷繁复杂的人际关系

对方感觉到"他在跟我道谢呢!"所以,在道谢的时候,最好加上对方的名字"谢谢你呀,小张!""李经理,非常感谢你!"当你加入了对方的名字,就等于把对方拉进了被感谢的角色。

另外,在表示感谢的时候,如果你能把感谢事由加入感谢的话中,对方的感觉会更胜一筹,你也会显得更加诚恳。比如,"真谢谢你呀,小张,要不是你我找不到这么好的工作!""谢谢你帮我改了论文,让我的论文获得了第一。""要不是你帮我渡过难关,我还不知道怎么应付这次失业呢!"这样的话,会更加地强化对方的重要性。他会感到,你是真的记得他的好。

别人帮了你的忙,你表示感谢是理所当然的,但是如果别人答应帮你,尽力了但却没有帮上忙,你该如何呢?抱怨别人不该答应你?指责别人没有为你多尽力?或者是什么也不说,就当没发生过?

不管怎么样,只要对方付出了努力,无论结果如何,你都要表示感谢,否则就会让人认为你是个势利的人。在这种情况下,你可以说:"我知道你已经尽力了,谢谢你!""真不好意思,让你为难了!""这件事的难度确实太大了,我自己再想想其他办法,但还是非常感谢你的帮忙!"

对方听到这样的话,心里肯定会感到很舒服,甚至为没有帮上你的忙而感到愧疚。下次你遇到困难时,他们一定会尽最大的努力来帮你,以"弥补"这次对你的"亏欠"。

记住,对帮助过你的人要记得说声"谢谢",为别人对你的启发教诲要说"谢谢",即使只是一些微不足道的小事,也要以此表达你的感激之情。

第三章

改变你的处世方法，适应高效运转的社会

当今社会，在人与人的交往中，若不懂处世的方法，必定会处处碰壁，遭遇事业和人生的失败。

若想在这个复杂的社会生存、发展、取得成功、并且过得幸福，必要时我们应改变一下自己的处世方法。

第三章
改变你的处世方法,适应高效运转的社会

1.先考虑自己是否让人喜欢,而不是考虑自己喜欢什么样的人

社会是很复杂的大环境,人的类型很多,一个人应该怎么去面对社会、结交朋友,实在是相当重要的事,也不是一件容易的事。

一般说来,朋友可分为两种:一般朋友和真心朋友。进一步说则有:点头之交、玩乐之交、默契之交、道义之交、生死之交……不管是哪种程度、哪种境界的朋友,都会对你有所影响。

我们固然要选择益友加强联系,但也要学会避开损友,懂得如何与三教九流形形色色的人打交道。不过,一定不要在需要别人时,才去结交朋友。利益一般会偕朋友同来,但交朋友的目的,绝不是单纯地为了赢取个人的利益。要知道,我们选择别人,别人也同样在选择我们。

所以,广结善缘的首要条件,并不是"我"喜欢什么样的朋友,而要先考虑自己是否会让人喜欢、受人欢迎。"获友不易,反目一朝。"意即好朋友得之不易,有时却会因一句失言、一时失态而形同陌路,甚至反目成仇。人生之路不能无友,有了朋友,更要加倍珍惜。因此,我们要时刻提醒自己:改善自我,广结良友。

受敬仰、被尊重,这是大多数人最重视的一种感觉。所以,美国钢铁大王、名作家卡耐基写了一本《如何赢得友谊和获得信任》得以畅销百万册,道理就在这里。在社交场上,朋友越多越好,敌人越少越妙;因而,"你受人欢迎吗?"几乎决定着你社交关系的分数。受欢迎,朋友就多;受厌恶,很可能就会增加许多人际方面的阻力。

然而,怎样的人才受欢迎呢?一般人以为"人缘"的好坏,决定于外在印象。事实上,第一印象的确很重要,因为仪容是否端庄、整洁能代表个人的修养。不过,如果完全以貌取人,为别人判定分数,常常会因此而发生"有眼不识泰山"或"识人不明",而失之偏颇。

适应力——你可以不怕改变

中国古代,有一位很有名的矮丞相晏子,当他代表齐国出使楚国时,就因相貌上的缺陷而遭受嘲笑。但后来他却以机智和口才,使得楚国君臣上下不得不对他"刮目相看"。汉朝的陈平则与晏子相反,是有名的"美貌丞相",其才能同样相当杰出,但是才能不能适时展示,当时的人却批评他"光漂亮又有什么用?"

历史证明,陈平并不只是一个"光漂亮"的人,但是我们却可以在这个例子里发现:视觉上的美感,对人际关系并没有绝对的影响。同时,这个例子也显示出:外表好看,内在"可能"也不错,二者的关系并不是绝对的。

所以,一个人是否受人欢迎,不仅是靠外表的印象来决定,还有其他妙方可使这个印象持之久远。例如:平易近人、温柔体贴、彬彬有礼、富有幽默感等。大抵说来,受欢迎的人,一定肯为别人设身处地着想。比方说:每一个人在有求于人时,总希望别人即使拒绝,也不要使自己太过难堪;因此,当我们不得已拒绝别人的请求时,也应该诚恳地表示歉意。

虽然说:"友直、友谅、友多闻。"但是,当我们劝谏朋友时,态度应和缓,点到为止,留一点余地给对方,不要使建设性的建议反而变成了伤人的批评。

总之,能够将心比心,时时检讨自己,才可能得到别人的真心对待。所以,我们若是希望自己受人欢迎、得人缘,不可不先"照照镜子",分析一下自己在别人心目中的分量。

我们常说:"成功不是偶然的。"意思是说,这其中包括要有志气、有决心、有毅力、有方法等。同样的,想做一个受人欢迎的人,也不例外。从内在到外在,言行举止到衣着服饰,都必须散发出一种吸引人的魅力,才能够把自己推销出去。现代社会的最大特点是"忙碌",自己份内的工作尚且照顾不周全,哪里有时间、兴趣去深入了解别人?所以,大部分人留在你印象中的,只是一个粗略的轮廓,如果你不具备"特殊条件",在别人心目中,也只是一个模糊的影子而已。

就此而言,任何人要想在人际之中卓然出众,就得学会表现自己,把

第三章
改变你的处世方法,适应高效运转的社会

自己个性中最美好的一面展示出来。汽车大王福特曾为"最受欢迎的人"下过一个定义,他说:"这种人,是能将内心中最美的东西引发出来的人。"的确,生命中有些东西是不依赖外力的,要想受欢迎,全靠你自己。有真才实学,不怕没有伯乐识得千里马;风度翩翩,不怕身边不环绕仰慕的群众。

赢得好人缘的法宝:要能够明确地把握重点,尽量表现"原有"的美质,即使天生的资质不够,也可以靠后天的培养和努力去尽力求取个人条件的完美。外在美如仪容整洁、彬彬有礼、态度亲切等,内在美如体贴细心,富于幽默感……都可以塑造你的独特风格,甚至进一步把你推上成功的宝座。

2.善于把握时机,适度地关心他人

关心与体贴,像一贴清凉剂,可以沁人心脾,感人肺腑。每一个人都渴望别人的关心和注意,所以,当你简简单单的一句:"你好吗?"或是"吃饱了吗?"说不定就已化解彼此的隔阂,收获了一个新朋友。"朋友像一面镜子",每一个人的眼睛都是雪亮的。倘若想交到真心的朋友,我们首先要检讨的是:自己对朋友怎样?俗语说:"人心换人心"、"将心比心",所以,你要是希望别人关心你、体谅你,就必须先对别人付出这一份真心。

也许你自觉对朋友很好,你请他们吃饭、喝酒、陪他们玩乐,请他们到家中时也奉为上宾。但是,这些并不能使朋友对你有深入的好感,也无法满足友情的需求,有时反而会加重朋友在应酬上的负担。一个善于交朋友,关心、体贴别人的人,一定是个能为对方着想、欣赏对方、处处满足朋友需要、解除他们困难,而又避免去麻烦对方的人。要想成为受欢迎的人物,不仅要能够"锦上添花",更要懂得"雪中送炭"的艺术。

有一句话常用来形容人事沧桑,我们拿它来解释朋友之间的相处之

适应力——你可以不怕改变

道,也颇为合宜——"眼看他起高楼,眼看他楼塌了",而不管他楼起、楼塌,是真朋友就长伴左右,绝不该因对方的穷达而改变人情的冷暖。换言之,别人起高楼,你要有为他祝福、欣赏他能力的胸襟;当他时运不济时,切勿幸灾乐祸,要以实际的行动协助。如果说,你能将关心、体贴的心意建立在这种风度上,你对别人的关心和体贴才是真心诚意的,而不是茶余饭后一声"吃饱了吗?累了吗?"的虚应,别人也才会以真心来回报你。

也许,社交场合需讲究方法、手腕,你不以为"关心与体贴"是最重要的,但是,别忘了古训"路遥知马力,日久见人心"。只有真情才能历久弥新,使友谊的芬芳愈加醇香。如果你始终以一颗赤子之心与人相处,久而久之,你就是社交场合中最受欢迎的人。

首先,要诚恳真挚地为他人着想

我们在研究社交的学问时,一定不可忽略人性的百态,否则动辄得咎,自然四处碰壁。在我们生活的大千世界中,能够通人情、懂世故,自然会受人欢迎,到处吃得开,这是很明显的道理。人通情达理,首要条件就是"善解人意"。如果你不能设身处地为别人着想,就永远不会交到真正的朋友,即使勉强自己去接近别人,也只是表面上的敷衍、应酬。久而久之,别人就会洞悉你的客气和笑容完全是虚伪的交际、应付,如此一来,你刻意去维系的社交关系,不就等于零吗?

人情通达虽不是一件难事,但要做到面面俱到,倒也不是件简单的事。通达人情,不像演算数学,有一定的公式可以遵循。不过,人情在往来之中,在某种程度上应有其基本的态度,它不仅代表着一个人的道德修养,还说明了这个人的聪明智慧。

有许多人能在社交场合中体谅、关爱他人,处处显得温文尔雅、彬彬有礼,像是很通达人情的样子。但是,当他在其他场合,却争先恐后,显得粗鲁蛮横,唯恐自己吃亏,这就是一种虚假的"通达人情"。举例来说,在搭公共汽车时,乘客一窝蜂地挤上车,根本无视于身边的老弱妇孺。这种人尽管是交际场合的彬彬君子、社交能手,但由于他只讲求个人的利害得失,因此,

第三章
改变你的处世方法,适应高效运转的社会

他在交际场合中的一切表现,可以说只是一种"心机"式的"通达人情"。真正的通达人情决不是用来表演以求实利,而是在日常生活中,体现人与人之间和谐相处的精神。

俗话说得好,"日久见人心"。因此,当我们以诚恳真挚的心为别人着想,注意待人处事的细节,很自然地,别人也会感受到我们的真情,会伸出友谊的双手。

其次,记住不要对人"过分热情"

许多人都有这样的经验和体会:与某人的关系越亲密,越容易经常与其发生摩擦和矛盾,反倒不及与初次见面者交往容易。家庭成员、情侣之间常常相互埋怨,正是这种情况的表现。按理说应该是交往得越深,就越容易相处,相互之间的关系也越融洽,可事实上却并非如此。原因何在?

这其实可以用心理学上的刺猬法则(也叫心理距离效应)来解释。那么,什么是刺猬法则呢?

刺猬法则说的是这样一个十分有趣的现象:在寒冷的冬季,两只困倦的刺猬因为冷而拥抱在了一起,但是由于它们各自身上都长满了刺,紧挨在一起就会刺痛对方,所以无论如何都睡不舒服。因此,两只刺猬就分开了一段距离,可是这样又实在冷得难以忍受,因此它们就又抱在了一起。折腾了好几次,它们终于找到了一个比较合适的距离,既能够相互取暖又不会被对方扎到。这也就是我们所说的在人际交往过程中的"心理距离效应"。

在现实生活中,这种例子举不胜举。一个你原来非常敬佩或喜欢的人,与其亲密接触一段时间后,对方的缺点就日益显露出来,你就会在不知不觉中改变自己对其原有的感情,甚至变得非常失望与讨厌他。夫妻、恋人、朋友以及师生之间都不例外。

曾有人做过这样一个实验。在一个大阅览室中,当里面仅有一位读者的时候,心理学家便进去坐在他(她)身旁,来测试他(她)的反应。结果,大部分人都快速、默默地远离心理学家到别的地方坐下,还有人非常干脆明确地说:"你想干什么?"这个实验一共测试了整整80个人,结果都相同:在一个仅有两位读者的空旷阅览室中,任何一个被测试者都无法忍受一个陌生

适应力——你可以不怕改变

人紧挨着自己坐下。

由此可见,人和人之间需要保持一定的空间距离。

法国前总统戴高乐曾经说过:"仆人眼里无英雄。"这也说明了人在和他人的交往过程中应该留有一定的余地——相应的心理距离,否则伟大也会变得平凡。戴高乐是一个非常会运用心理距离效应的人,他的座右铭是:保持一定的距离!这句话深刻地影响了他与自己的顾问、智囊以及参谋们的关系。在戴高乐担任总统的10多年岁月中,他的秘书处、办公厅与私人参谋部等顾问及智囊机构中任何人的工作年限都不超过两年。他总是这样对刚上任的办公厅主任说:"我只能任用你两年。就像人们无法把参谋部的工作当做自己的职业一样,你也不能把办公厅主任当做自己的职业。"这就是他的规定。

后来,戴高乐解释说,这样规定有两个原因。第一,他觉得调动很正常,而固定才不正常。这可能是受到部队做法的影响,因为军队是流动的,不存在一直固定在一个地方的军队。第二,他不想让这些人成为自己"离不开的人"。惟有调动,相互之间才能够保持一定的距离,才能够确保顾问与参谋的思维、决断具有新鲜感及充满朝气,并杜绝顾问与参谋们利用总统与政府的名义来徇私舞弊。

戴高乐的这种做法值得我们深思。如果没有距离,领导决策就会过分依赖于秘书或者某几个人,易于让智囊人员干政,进而使他们假借领导名义谋一己之私,后果将会非常严重。两者相比,还是保持一定距离为好。

有的时候人们常有这样的感觉,每天和爱人朝夕相处的时候,不觉得爱人很重要,一旦对方出差很长时间,却觉得对方在自己的生命里尤为重要。

这就是人们常说的"距离产生美"。就像我们经常在影视剧里看到的情景:一个男孩一直苦苦追求一个女孩,在追求的时候对她无比关心,可是女

第三章
改变你的处世方法,适应高效运转的社会

孩却总不领情,当这个男孩丧失信心停止追求之后,女孩往往会突然发现,自己已经爱上了这个男孩。这就是"距离产生美"的心理效果——不一定是真的爱,但却是心理的变化。

懂得这个道理,我们就可以用"距离"来操纵对方的心理,实现自己的目标。运用到管理实践中,就是领导者与下属保持心理距离,就可以避免下属的防备和紧张,减少下属对自己的恭维、奉承、送礼、行贿等行为,防止与下属称兄道弟、没大没小……

总之,这样做既可以获得下属的尊重,又能保证在工作中不丧失原则。一个优秀的领导者和管理者,要做到"疏者密之,密者疏之",这才是成功之道。

著名的酒店之王希尔顿就深谙此道。

希尔顿为自己的旅馆王国立下过一条原则:最低的收费和最佳的服务。他要求饭店的所有职员一定要做到和气为贵,顾客至上。不管谁违反了这一规定,都要受到严厉的惩罚。

在平时的工作中,希尔顿总是和蔼可亲,他爱与员工们谈天,关心他们的生活,热心帮助解决员工的困难,所以员工们与他的关系都很融洽。和希尔顿聊天,就像是和一位长辈谈心,无需拘束,也不用担忧,因为他把每个人都当作酒店的主人来对待。

但是在原则问题上,他是绝不含糊的。在空余时间,他从不邀请管理人员到家做客,也从不接受他们的邀请。

一次,饭店一位经理与顾客发生了争执,居然还大吵了起来。希尔顿知道这件事后,立刻辞退了这位经理。虽然这位经理业务能力很强,为饭店作出过不小的贡献,但希尔顿并没有姑息他,而是严格的执行了规章。

希尔顿这种说一不二的性格,使得许多员工都认为他是一个特别严肃的人,所以都很尊重他,而正是这种保持适度距离的管理,让希尔顿在酒店中的威望与日俱增。

✓ 适应力——你可以不怕改变

与员工保持一定的距离,既不会使你高高在上,也不会使你与员工互相混淆身份。这是一种管理的最佳状态。距离的保持需要靠一定的原则来维持,这种原则对所有人都一视同仁:既可以约束领导者自己,也可以约束员工。掌握了这个原则,也就掌握了一条成功管理的秘诀。

除了在管理上,做生意也是如此。

一位朋友就经常抱怨:三番五次地接到通讯公司发来的服务短信,说什么你刚才拨打的电话彩铃非常好听,要不免费试用两个月?弄得他烦不胜烦……类似的事情还有很多:比如美容店、理发厅给爱美的女士极力推荐美容新产品,推销办理各种会员积分卡、消费卡;影楼拍摄照片,店员极力推荐所谓的"优惠套餐",并想尽办法让你增加洗片数量;到银行办理贷款,柜员费尽口舌要你办理某种理财业务;进入超市购物,服务员极力推荐某种洗发产品等等……

记得:有时候对人过分热情,不但没有任何效果,甚至会招来反感!

3.交朋友要学会具体问题具体分析

有许多人都不太清楚结交个性不同的朋友,会带给我们多大的益处。大多数人都喜欢同脾气相投的人结交。自然,脾气相投,就是所谓"合得来",你来我往,不几天就可以变得非常熟悉亲切。但是社会上的人千种万种,跟自己脾气相投的人毕竟只占少数,如果只跟脾气相投的人结交,不跟个性不同的人往来,那么到头来,不外是那么三四个朋友。许多可敬可爱,有才能有修养的人,都因个性与我们不同,被我们摒拒于门外。这样其实也就等于限制了自己的发展,束缚了自己的社交生活。

我们的现实生活是非常多样和复杂的,因此也就形成了人们多样、复

第三章
改变你的处世方法，适应高效运转的社会

杂的个性。在一个学校、一个机关或是一个团体里，都包含着各种各样性格的成员。如果我们要和其中大多数人都保持良好的友谊关系，我们就必须学会跟个性不同的人相处。首先，我们要能尊重别人的个性，不要以我们自己的性情、喜好和兴趣做唯一的标准，凡是跟我们一样的，就认为是好的，反之就"不以为然"，"看不惯"或"讨厌"。

有些人性子急，看见举动迟缓的人，就觉得浑身不舒服。其实，急性子有急性子的好处，慢性子也有慢性子的好处。急性子的人，行动敏捷，但也容易流于暴躁、冒失；慢性子的人虽然举动迟缓，但有时却比性急的人稳定、谨慎、周密、安详。同样的，好动的人和好静的人也各有长处，各有缺点。如果好动的人和好静的人，能够互相尊重，互相欣赏，就可以收到互相扶持、互相补充的效果，使双方的性格都更加完美，更加丰富。

至于在各人的兴趣与喜好上，更是多种多样，有人喜欢流行音乐，有人喜欢古典音乐；有人喜欢中国音乐，有人喜欢西洋音乐；有人喜欢下棋，有人喜欢集邮；有人喜欢旅行，有人喜欢游泳……不妨各适其处，不必勉强别人同自己的一样。然而，为了使自己更多地了解别人，倒不妨尝试一下别人所过的生活。

一个知识面宽广，对任何事都有兴趣的人，往往更容易扩大自己的交友范围，丰富自己的社交生活。善于交朋友的人，绝不会要求别人来适应自己，相反的却会设法去迁就别人。这样的做法，会渐渐地使自己的知识越来越充实，见闻越来越广大，情感越来越有弹性，而对社会与人生的了解也会越来越丰富、深刻。

广交圈内人士

在这个社会里，要想工作顺利，飞黄腾达，一个人必须广交圈内人士。在你为了业务奔波忙碌时，必然会遇见许多与你业务相关的人。

例如，你经常到某大厦去接洽事务，经常遇见那个大厦的电梯司机；或是你到货仓去提货，经常遇见那个货仓的守门人；或是你经常到某银行存款，经常遇见那个柜台后面的出纳员等诸如此类人员。你不知他姓

适应力——你可以不怕改变

甚名谁,何方人氏,但他们或多或少地都与你的业务有点关系。该怎样去对待这些人呢?用什么样的态度和他们招呼?这是一个很微妙也很实际的问题。

有许多人为了谋生出来工作,待遇很少,工作既辛苦,又单调、繁重,平常已是受累受气,心烦意乱。如果你对他们神气活现,或是不理不睬,他们对你也不会有什么好感,办起事来,也只顾他们自己的方便。换句话说,如果你的态度不好,那么就会到处碰到不便。但是如果你把他们也当做朋友看待,对他们有适当的尊重与关怀,他们即使不知你的姓名,但一看见你的面容,听到你的声调就已经有了好感,这时,他们就像吸进一股清风,精神为之一振。既然他们对你印象很好,那么,他们就好像本能一样,除了自己的方便之外,也会兼顾到你的便利。电梯司机会多等你几秒钟,货仓的守门人会替你找搬运工友。银行、保险公司、邮局、物业公司……的职员们,都会在你需要的时候,给你行或大或小的方便。

事实上,如果你能够结交较多业务上的朋友,有许多业务可以很迅速地顺利办妥,不但会省掉许多手续上的麻烦,也可以避免许多不必要的损失。对于这些业务上的朋友,除了对他们保持礼貌、亲切的态度之外,我们还应在业务上尽量帮助他们。也就是说,我们也要尽量给别人方便。业务上总是有来有往的,大家都在互助互利的友好气氛中,事情也会进行得更顺利。

对于关系比较密切的业务上的朋友,我们除了业务上的接触外,还可以安排一些私人间的接触机会,使双方在业余时间可以轻松随便地谈谈笑笑,说不定在谈谈笑笑之间又可以顺便解决许多业务上的问题。但这些业务上的朋友,究竟同我们私人间的朋友有所不同。固然有许多在业务上认识的朋友到后来发展成了我们的知交,但社会复杂,有许多业务上的朋友,我们只需跟他们在业务上保持联系,除了业务不及其他。至于有些人借口业务上的联系,就跟着某些人跑到歌楼舞榭、烟窟赌场里鬼混,那更是我们应该绝对避免的。

第三章
改变你的处世方法,适应高效运转的社会

4.你可以比别人聪明,但不要让对方知道

俗话说得好:"人心隔肚皮,虎心隔毛衣。"所以,聪明的人会在说话办事时隐藏自己的才华和锋芒,甚至千方百计地显示自己比别人蠢笨,这就是我们常说的"守拙",这是掩饰自己、保护自己、积蓄力量、等候时机的人生韬略。

中国有一句成语叫做"锋芒毕露",锋芒本指刀剑的锋利,如今人们将之比做人的聪明才干。古人认为,一个人如果看上去毫无锋芒,则是扶不起的"阿斗",因此有锋芒是好事,是事业成功的基础。

在适当的场合显露一下自己的"锋芒"也是有必要的,但是要知道,物极必反。过分外露自己的聪明才华,会导致自己的失败。尤其是做大事业的人,锋芒毕露,尽展自己的聪明和优秀,非但不利于事业的发展,甚至还可能会失去自己的身家性命。

有一位年轻的海关员,参加了一个重要的行业座谈会。在座谈会中,一位海关司长对年轻的海关员说:"海事法的期限是6年,对吗?"年轻的海关员愣了一下,看了看海关司长,然后率直地说:"不。司长,海事法没有这项期限。"这位年轻的海关员后来对别人说:"当时,座谈会内立刻静默下来,似乎温度也降到了冰点。虽然我是对的,他错了,我也如实地指了出来。但他非但没有因此而高兴,反而脸色铁青,令人望而生畏。尽管真理站在我这边,但我却铸成了一个大错,居然当众指出一个声望卓著的人的错误。"

在指出别人错误的时候,我们为什么不能做得更高明些呢?古希腊著名的哲学家苏格拉底在雅典的时候,一再告诉自己的门徒说:"你只知道一件事,就是一无所知。"英国19世纪政治家查士德斐尔爵士,则更加直白地

适应力——你可以不怕改变

训导他的儿子说:"你要比别人聪明,但不要告诉人家你比他们更聪明。"

无论你采取什么样的方式直接指出别人的错误:或是一个蔑视的眼神,或是一种不满的腔调,或是一个不耐烦的手势……都有可能带来难堪的后果。因为这等于在告诉对方:我比你更聪明。这无异于否定了对方的智慧和判断力,打击了他的自尊心,还伤害了他的感情。

这样做不但不会使对方改变自己的看法,还会引起他的反击。这时,你即使搬出所有的权威理论和所有的铁定事实也无济于事。这不是在给自己制造麻烦么?因此,在指出别人错误的时候,应当做得高明一些,不要表现出我比你更聪明。

例如,你可以用若无其事的方式提醒他,让人觉得他不知道的好像是他忘记了,或者好像是他没说清楚,这将会收到神奇的效果。

著名科学家玻尔就是这样一位极其尊重他人但又非常坚持真理的人。当他对别人的观点提出不同意见时,他常常预先声明:"这不是为了批评,而是为了学习。"这句话后来成为一句名言被人印在一期物理杂志的封面上,作为献给玻尔的生日礼物。一次,有人发表学术演讲,效果非常糟糕,玻尔也认为这个演讲"完全是瞎扯",但他仍然热情地对演讲者说:"我们同意你的观点的程度,也许比你所想象的还要大!"玻尔同爱因斯坦展开过一场为期近三十年的学术大争论,两人的观点完全相对立。但爱因斯坦认为,在反对他的观点的阵营中,玻尔是最接近于公正地处理他所代表的学术观点的人。

玻尔的这种态度及为人方面的其他杰出表现,不但有助于他取得巨大的学术与教育成就,而且使他深受人们爱戴,使他的为人甚至比他的科学教育成就更为人们所仰慕和歌颂。

锋芒是一把双刃剑,如果运用不当,就会刺伤别人和自己,所以你要加倍小心。

第三章
改变你的处世方法,适应高效运转的社会

5.饶舌的人走到哪里都不会受欢迎

古语说,说是非者,本是是非人。凡是与是非沾边的人,麻烦肯定多。所以你在办公室,要多做事少说话,千万不要沾是非的边,躲得越远越好!

工作中的你,可能身边常有一些饶舌之人,喜欢说人是非,挖人隐私,甚至打听不到还会胡乱编排,造成同事之间不必要的误会。这种人非常惹人讨厌,让人烦不胜烦。因此你要做的就是少说话,多做事,免得不知不觉被人拉入了是非圈。

玲玲半年前准备跳槽到她已经联系好的新公司,结果却被那家公司给辞退了,后来还一直找不到合适的工作。为什么呢?原因就在于她在即将跳槽的那段时间,给自己的嘴巴彻底松了绑,让自己当了一回长舌妇,狠狠地过了把瘾。

玲玲在原来公司的人力资源部工作,因此了解公司里很多人事关系,以及非常敏感的薪资问题。平时,她都会管住自己的嘴。可年终因为找到了另一家好公司,于是她管不住自己的嘴了,开始向同事们抱怨这个上司或那个上司不好,或者是说出了上次的年终奖谁高谁低等,给上司惹了不少麻烦。

她没想到的是,谈妥了的新公司竟然不聘用她了,原因就是这件事情经过原来的同事、上司的口,又逐渐在业内传开了,这也导致了她在后来的求职中不断碰壁。

即使你将另谋新路,也不要放松对自己的警惕,一定要管好自己的嘴巴。多做事,少说话,因为饶舌的人到哪儿都不受人欢迎。

你的身边可能也不乏这种人,如果他是你的部下,你就得多花点时间

适应力——你可以不怕改变

在他身上了。比如,可以抽空多和他聊聊,告诉他有饶舌的时间,还不如多学点实用的东西,以提高自己的能力,不要动不动就说人是非,传播小道消息。

如果他是你的同事,那么最好不要和这种人多说话,你要做的就是埋头做事,不要对他有所回应。这样次数多了,他自然也就不找你说了,而且还可以避免影响同事之间的感情。

除了要少说话避是非之外,还要多做事。总有一些人眼高手低,"小事不愿干,大事干不了",这在职场新人中尤为明显。如果不注意纠正,很可能会使你成为志大才疏的人,得不到领导的赏识,更不用说晋升了。即使是一件小事,也要一丝不苟,努力做好,所谓小事情中见大精神,做好小事可为日后做大事积累资源。

处理职场的人际关系,也应当多看、多听、多干、少说,这是处理好复杂关系的门道。不论什么时候,你都要记住这句话——量大福也大,机深祸也深。只有少说话,多做事,才能让你在职场中游刃有余地生存和发展。

6.交浅言深是不成熟的典型表现

俗话说,"逢人只说三分话",还有七分话是不必对人说出的。你也许认为大丈夫光明磊落,事无不可对人言。精于世故的人的确只说三分话,你一定认为他们是狡猾,是不诚实。其实说话须看对方是什么人,对方不是可以尽言的人,你说三分真话,已不为少。所以逢人只说三分话,不是不可说,而是不必说,不该说,与事无不可对人言并没有冲突。

说话有三种限制,一是人,二是时,三是地。非其人不必说;非其时,虽得其人,也不必说;得其人,得其时,而非其地,仍是不必说。非其人,你说三

第三章
改变你的处世方法,适应高效运转的社会

分真话,已是太多;得其人,而非其时,你说三分话,正给他一个暗示,看看他的反应;得其人,得其时,而非其地,你说三分话,正可以引起他的注意,如有必要,不妨择地长谈,这叫做通达世故的人。

在同事中发展交情宜慎重,因为大家长期相处,交友不慎将会影响你以后的处境。

起初,同事之间大多不会显露出对公司的意见,但是俗话说得好"路遥知马力,日久见人心"。只要一起吃过几次饭,一些见识浅薄的人就很容易把自己的不满情绪倾诉给你听。对于这种人,你不应和他有更深的交往,只需做普通同事就可以了。

假如同对方相识不久,交往一般,而对方就忙不迭地把心事一股脑地倾诉给你听,并且完全是一副苦口婆心的模样,这在表面上看来是很容易令人感动的。然而,转过头来他又向其他的人做出了同样的表现,说出了同样的话,这表示他完全没有诚意,绝不是一个可以进行深交的人。

"交浅言深,君子所戒",千万不要附和这种人所说的话,最好是不发表任何意见。

有些人惟恐天下不乱,经常喜欢散布和传播一些所谓的内幕消息,让别人听了以后感到忐忑不安。例如"公司将会裁员"、"公司将会改组"、"上司对某某人不满"等话语,都是这种人的"口头禅",与这种人要保持距离,以免被其扰乱视听,或者因此卷入某些是是非非。

有的人喜欢盗用公司资源。所谓盗用公司的资源,不一定是指私用公司的文具或其他物质,也包括在工作时间处理私人事务等。许多人觉得在公司里工资太低,因而总是想方设法抽出部分工作时间去办理私人的事情,作为自己在心理上的补偿。不要与这种人成为好朋友,否则一旦被上司发现,对你的印象就会大打折扣,认为你们是同样的人,非常不值得。

在公司中,有许多人为了维持现状,对一切事情都抱着"事不关己、高高挂起"的态度。他们凡事低调处理,不参与任何是非争执。这种人不容易相信别人,但却可以做朋友。假如能够打开他的心扉,也可能会成为知己。

和上面所说的那种人相反,还有一些人对公司很有感情,他从来不分

上下班时间,都愿意呆在公司里工作,甚至把公司当成了家。这种人的最大特点就是把私人时间和工作时间完全混淆了,他们对此没有概念上的划分,工作起来非常刻苦。因此一旦遇到加薪幅度不够理想或遭受老板批评这样的事情,他们就会感到委屈,并很激动地认为公司欠他太多。与这种人多做接触的话,肯定会有助于你对公司有更多、更深的了解。但是,有一点必须记住——绝不效仿!

7.高度重视礼节和修养

人是有感情的高级动物,所以,当别人敬仰你的时候,你会感到很高兴;当别人轻视你,你又会觉得气恼。不管在任何年代,这种导致人与人相处的关系始终不变,这是人类的通性。而促使这种关系相处圆满的最佳方法,就是"礼"。它代表尊敬、尊重、亲切、体谅等意义,同时,也表现出一个人的修养。

中国人的民族性较西方人含蓄,因此,格外讲究礼节。由于太重视繁文缛节,以至于有些人对"礼"的认识产生了偏差,他们以为只有对长辈、上司,或想讨好的人才讲礼节,对晚辈或同自己没有利害关系的人,就可马虎。甚至还有人认为,礼貌只是社交上的一种手段,并没有其他价值。如果以这些态度来评断礼节,岂不是使人际关系变成"钱货两结"的交易关系,和做生意又有什么两样?难道,"礼"真的只是人际关系中的虚假行为吗?

现代心理学指出,"自尊是维持心理平衡的要素。"可见每个人要维持心理的平衡和健康,都要有活得"理直气壮"的感觉,也就是处处受人尊重,才能进一步肯定自己存在的价值。所以,尊重、体谅等"礼"节,绝不是规章条文,也不是虚假问候,而是发自内心最基本也最真诚的行为。俗话说:"先学礼而后问世。"学些什么礼呢?彬彬有礼的态度又是怎样的呢?没有人

第三章
改变你的处世方法,适应高效运转的社会

生下来就懂礼,家庭、学校、社会,逐渐教导我们成为一个具有翩翩风度的人。但是,一个人每做一件事,如果都有一套刻板的礼仪在缚手缚脚岂不烦琐极了?事实并不尽然,因为,有许多礼仪事实上是日常生活中的一部分,习惯成自然,我们早已感觉不到它的约束。另外,关于人情往来、社交活动……等较特殊的礼节,只要我们基于尊重、体谅别人的心情,也都是不难做到的。

所以,礼,绝不能,也绝不是只讲求形式的,要保持彬彬有礼的态度,一定要从对别人的关心出发。在现实生活中,随时随地贯彻关心朋友、关爱朋友的精神,在社交场合中,自然也就能以平实有礼的态度与人交往和沟通。

礼节并不只是"鞠躬如也"就可涵盖,它在某种程度上还反映了个人的修养道德。有人说:"要学习礼节,最好是从公共场合待人接物做起。"这话非常恰当,只要平常多留心人们交往时的各种行为,就不难学习到许多待人接物的方法。若能身体力行,适当地做到"多礼",则必然"礼多人不怪"而大受欢迎。彬彬有礼的风度,不但可以成为你最高贵的"饰物",同时还能带给你最佳的人缘。

幽默是一种魅力

每个人都应该活得轻松些,尤其在自己身处逆境的时候,更要学得超然、洒脱一些。俗话说:"来日方长",我们要看到生活中好的一面,无忧无虑、自在轻松。特别是在与人交往时,保持幽默感可以让你获得众人的信任。

幽默是一种风度,一种优雅,一种灵魂修养,一种高层次的人生品位。幽默是才智的瞬间闪光,是反应的超常机敏。在繁忙的工作中,增点幽默可以减少摩擦,有利于更好地调节人际关系,于人于己都有益无害。

在一次宴席中,有人因意见相左,而发生口舌之争,聪明的主人为平息争论,提出了一个十分意外的问题:"诸位,刚才这一道菜大概是鸡!""是的。"一位客人回答。"一定是公鸡!"主人一本正经地说,"原来是鸡在作祟,难怪大家要斗起来。"说完他举起酒杯,"来点灭火剂吧,诸位!"一场餐桌上

适应力——你可以不怕改变

的征战顷刻间灰飞烟灭。

方圆处世,就是善于化解困境。有时候为了化解困境,没有其他合适的方式,只有依靠幽默的力量。

幽默是一种人生态度。有了它,你将与社会、与人群相处得更融洽更滋润,更能及时调整自己的心态,平衡自己的心理,化解矛盾,缓和敌意。幽默是人生的一种境界,以大气超逸为精神基础的幽默,是生命体验的格调升华。它能超越人生的苦难与自卑,以追求自我意识与人文理想的完美为人生准则,从而体现人的生命价值。

并不是每个人都拥有幽默感,幽默感是一种天赋、一种能力。本来没有幽默感的人硬要他去表现这种不能强求的能力,只能弄巧成拙,甚至是乏味而造作。幽默感像是击石产生的火花,是瞬间的灵思,必须有高度的反应与机智,才能闪出幽默的语。它可以化解尴尬的场面,也可能于谈笑间有警示的作用,更可以作为不露骨的自卫与反击。

当百货公司大拍卖,购货的人拥挤不堪,每个人的脾气都犹如枪弹上膛,一触即发。有一位女士愤愤地对结账小姐说:"幸好我没打算在你们这儿找'礼貌',在这儿根本找不到。"结账小姐沉默了一会儿,说:"你可不可以让我看看你的样品?"那位女士愣了片刻,笑了。

幽默不是滑稽也不是讽刺,更不是调侃嘲弄,幽默是在不构成情感伤害的基础上,对客观事物的弱点或可笑之处给以最大的包容与理解。幽默的灵魂是智慧与宽仁的结合。真正的幽默,是机智百变妙语横生的言谈,让人在捧腹不止的同时有茅塞顿开的启悟。

幽默者,心胸大气而豪放,它相信地球永远朝着好的方向转动,它相信失败的后面一定会是成功,它相信人性的潜能是无限的,幽默者才是真正的乐观主义者。幽默是反应训练到一定程度的自然表现,只有在才智积累到一定的深度时才能更好地发挥。

幽默是一种生活方式。它浸着合理的精神、丰富的知识、简明的思想、

第三章
改变你的处世方法,适应高效运转的社会

宽和的性情、仁爱的目光。

每一个有经验的官员都知道,要使身边的下属能够和自己齐心合作,就有必要将自己的形象人性化,才能达到圆满做事的目的。

一位年轻人刚刚当上董事长。上任第一天,他召集公司职员开会,自我介绍说:"我是杰利,是你们的董事长。"然后打趣道:"我生来就是个领导人物,因为我是公司前董事长的儿子。"参加会议的人都笑了,他自己也笑了起来。他以幽默来证明他能以公正的态度来看待自己的地位,并对之具有充满人情味的理解。实际上他委婉地表示了:正因为如此,我更要跟你们一起好好地干,让你们改变对我的看法。

幽默不是无知人士的装腔作势,而是经历风风雨雨之后对人生的超脱和豁达;幽默更不是社交场上的油腔滑调与欺骗,而是为谨慎、严肃的谈判赋予微妙的力量。具有幽默感的人,他们为平淡的生活挂起了彩虹,为灰暗的生活洒满阳光,为乏味的生活充满诗意,让富足的生活饱藏安详。

幽默作家班奇利,在一篇文章中谦虚地谈到他花了15年时间才发现自己没有写作的才能。结果一位读者来信对他说:"你现在改行还来得及。"班奇利回信说:"亲爱的,来不及了。我已无法放弃写作了,因为我太有名了。"这封信后来被刊登在报纸上,令人捧腹大笑,人们都为班奇利的幽默所感染了。事实是班奇利的幽默作品闻名遐迩,但他没有指责那位缺乏幽默感的读者。他以令人愉悦的、迂回的方式回答了问题,既保护了读者的自尊心,也维护了自己的荣誉。

幽默感是一种恰到好处的智慧,它使我们透视我们所遭遇的一切,它可以克服我们的自夸与自大,它可以鼓舞我们自尊的心理,使我们的眼睛和心灵,都倾向于更容忍、更可爱和更富于人性。

因此,保持幽默感是一个人最高尚的气质,也是一种高尚的人生境界。

适应力——你可以不怕改变

微笑有恰到好处的妙用

微笑,能改善人与人的关系,达到心灵相通,情感交融。因此,与人交往时,不妨把微笑带上。

人是喜爱微笑的动物。笑是上帝赋予人类的一项特权,真诚的微笑可以缩短人与人之间的距离。试想,当我们遇到一位陌生人正对着你笑时,你是否感觉到有一种无形的力量在推着你跟他接近;如果你看到的是一张"苦瓜脸",你还会有好心情吗,是不是只会对这种人敬而远之?

有一则故事,林肯总统的顾问向林肯推荐了一位内阁候选人,林肯总统见过这个人以后拒绝了。问及理由时,林肯答道:"我不喜欢此人的脸。""但一个人对自己的长相是不能负责的啊!"顾问坚持道。林肯说道:"每个40岁开外的人,都应该对自己的脸负责。"于是,这项提议被弃置一旁。

这似乎不合情理,难道一个人的脸长得不合总统的心意就不能为国家做事情吗?林肯当然不是这个意思,他的话是说:在世上生活了40年的人,应该有许许多多东西在他脸上反映出来,他的欢乐、悲哀、失误,还有生活中经历的种种感情,以及战胜困难的意志,这些都能够通过人的容貌展现出来。

微笑能够生财。"人无笑脸休开店",是我国古代经商的经验之谈。而微笑服务,则是当代中外工商企业经营的诀窍。

微笑可以消除矛盾,缓和冲突。"伸手不打笑脸人",面带微笑地批评别人,容易得到他人的接受;微笑地拒绝别人,容易受到别人的谅解。

伏契克曾说:"应该微笑着面对生活,不管一切如何。"

微笑,可以消除人与人之间的隔阂、误会。当你跟朋友吵了一架之后,忽然有一天见面时,看到他给你一个真诚友善的微笑,你还会像刚吵完架似的对他冷面相对吗?

第三章
改变你的处世方法，适应高效运转的社会

要微笑着面对他人，不论是冒犯还是恭维。微笑会让冒犯者无地自容。正是你的宽容包容了他的狭隘，你的理智唤醒他人的良知。

一位坐飞机的乘客在飞机起飞之前，请求空姐为他倒一杯水服药，空姐告诉他说："先生，为了您的安全，等飞机进入平稳飞行后，我会立刻把水给您送过来。"可是，飞机起飞后，空姐却把这件事给忘了，乘客的服务铃急促响起来，于是，空姐小心翼翼地微笑着对那位乘客说："对不起，先生，由于我的疏忽延误您吃药的时间，我感到非常抱歉。"那位乘客严厉地指责了空姐，说什么也不肯原谅她，还声称要投诉她。在接下来的行程中，空姐一次一次地询问那位乘客是否需要帮助，但是他不理不睬。

临到目的地时，那位乘客要求空姐把留言本送过来。此时，空姐十分委屈，但她还是很有礼貌地微笑着说："先生，请允许我再次向您表示真诚的歉意，无论您提什么意见，我都欣然接受。"

飞机降落，乘客离开之后，空姐不安地打开留言本，上面写着这样一段话："在短短两个小时的飞行途中，你表现出的真诚歉意，特别是你第8次的微笑深深地打动了我，使我最终决定：将投诉信改成表扬信。谢谢你真诚的微笑，下次旅行有机会我还会乘坐你的这趟航班。"

微笑魅力如此之大，眼看一场风波就要起了，那位空姐用她充满真诚歉意的微笑，深深地打动了那位原本打算投诉她的客人，这便是微笑的魅力。

和蔼、可信的微笑给人以亲切的感觉。真诚的微笑是社交的通行证，是最富有吸引力的表情。

微笑是一种无声的语言，却能显示出魅力和涵养。凡是经常面带微笑的人，往往能将别人吸引住，使人感到愉快。人的行为比语言更能切实地表露出一个人的真心。有时候微笑胜过任何雄辩的语言。

有句谚语说得好：微笑是两个人之间最短的距离。人际交往中离不开笑，一个没有笑的世界简直就是人间地狱。

适应力——你可以不怕改变

每个人都该随身携带一面小镜子,每当生气、厌恶、消沉、无精打采时,强迫自己"制造"笑容,养成每天早晚制造笑脸的好习惯。幸福来自笑脸,健康来自笑脸,修养来自笑脸,交际来自笑脸。

赞美能够赢得别人的欢迎

赞美是一门艺术,要想拥有好的人缘,赞美就必不可少。

在生活中我们一方面要承受各种各样的外部压力,另一方面还要面对自己内心的种种困惑。苦苦的挣扎中,如果有人向你投以理解的目光,你会感到一种生命的暖意,或许仅仅是短暂的一瞥,就足以使我们感到兴奋不已。由此及彼,你的一句赞美,也可以温暖另一个心灵,给他们一份勇气和信心。

赞美是人际交往中的润滑剂,它能够鼓励他人前进。荣誉感和成就感是人的高层次的需要,当我们具有某些长处或取得了某些成就时,期望得到社会的认可。赞美就是认可别人的长处和成就,能够沟通人与人之间的感情。当我们与某人产生隔阂时,关心对方,肯定他的长处,是消除这种隔阂的最有效的方法。对于与自己还不够亲近的人,恰到好处的赞美,也会使双方增加亲近感,有助于更好地建立人际关系。

赞美别人,有助于发扬被赞美者的美德和推动彼此友谊的发展。赞美别人,仿佛用一支火把照亮别人的生活,也照亮自己的心田。

几乎没人喜欢那些吹毛求疵的人,因为他们总是发现除了自己之外的其他人,有这样那样的缺陷,这都成了他们批评和指责的对象。法官的眼光是苛刻的,因为在他们的眼中,罪犯都是十恶不赦的社会垃圾,但犯罪心理学家却发现,如果不从法律的角度来看,在每一个罪犯身上都可以发现一些真正值得赞赏的东西。这个道理实际上十分浅显,那就是:"金无足赤,人无完人。"

在生活中,无论我们的交往对象是谁,是什么样的人,我们都可以找到他们的某些值得称赞的特点,可以通过赞美使他们感受到温暖和快乐。擦亮自己的眼睛,寻找他人的长处,给予由衷的称赞,就会得到更多

第三章
改变你的处世方法,适应高效运转的社会

的朋友。

赞美必须是真诚地发自内心,而表达于口中及眼眸。我们随时可以找出一个人的突出特点来赞美一个人,然而,若非发自内心,您的眼中呈现的"不真",马上就会被识破。如果你不是真正认同,宁可不说半句,只以点头微笑示意,反而更为得体。

有个叫明丽的女孩,伶俐机敏,她的上司非常会打扮,是一个搭配衣服的能手,稍一动手,就变出许多花样。

明丽嘴巴很甜,她每次看到上司就会不失时机地奉上一句:"经理,又买了一套新衣服,颜色好漂亮喔!穿在您身上就是不一样。"隔天一见面,又来了:"看看看!又一套了,很贵喔还有项链、耳环,也是新的吧,我就缺这个本事,不会像您如此会打扮。"不仅如此,她还当着客户"恭维"上司,说辞几乎都是:"在我们'经理'英明的带领之下,我才有今天的成绩,好多人都问我跟我们'经理'多久了,其实也没多久啦,但是大人大度,肯教我嘛!对不对!"

上司对她千篇一律的过分"恭维"及不诚的眼神烦不胜烦,只好告诉她:"不是你没看过的就是新衣服,我的衣服有的五六年了,只是保养得好,配来配去就不一样啦!你一嚷嚷,人家以为我多浪费,怎么天天买新衣,以后请别再说我的衣服啦!"而当上司得知这位甜姐儿在她面前说得甜如蜜,背后却对客户中伤自己时,一点也不惊奇,因为上司早从她的"过度恭维"中观出"玄机"了。

赞美不要言过其实,赞美的语言不仅要发自内心,更要恰到好处。

赞美不是谄媚逢迎,也不是人云亦云。我们也许不会轻易赞美别人,但对那些意气相投、值得我们钦佩的人,或者相逢并不相识的人,如果对他们的赞美是情不自禁的,那么,我们自己也将感到无比愉快。

发自真心的赞美别人是一种为人的智慧,也是一种美好的品德与修养。他人精心的打扮、努力的工作都是希望能得到别人的认同。在日常生活中,注意到别人的优点而去称赞他,他们就会觉得快乐,因而对你产生好感。

适当地赞美对方,自然会赢得对方友好的回应。由衷地赞美别人,是人生中最能令对方温暖却最不令自己破费的礼物。它价可抵金,收到的效果也是无可限量的。

某种程度上说,赞美别人,其实就是肯定自己。由衷地表达对别人的欣赏,是一种自信的表现。在别人的优点中,肯定了自己的眼光;在别人的特色中,肯定了自己的气度;在别人的表现中,肯定了自己的品位。

赞美别人是赢得人心最省力的投资。不要以为赞美别人是一种付出。从"生命能量"的观点来说,这其实是一种能量的转换,对别人赞美的时候,你已经获得更多的能量。你从嘴里吐出字字赞美的话,就如粒粒珍珠,挂在胸前,它令你的心,更加光华耀眼。

赞美别人,用自己的善意灌溉别人心中的花圃,将开出朵朵心花,美化自己的心灵视野。

8.豁达地做人,圆融地处事

"圆"即"圆融",就是说为人处世要通巧机变,善于运用处世的方法谋略,以期八面玲珑,左右逢源。

拥有了豁达,才能更好地与人交往

豁达是一种胸怀和气度,是一种格调和心境,更是一笔宝贵的精神财富。有了豁达,生活中便会多几分和谐、几许宽适,几分灵性、几许悟性。你会更加的热爱生活,追求卓越,从而安静坦然地走自己的路,含笑而自信,既不自卑又不张扬。

第三章
改变你的处世方法,适应高效运转的社会

雨果曾经说过:"世界上最宽阔的是海洋,比海洋更宽阔的是天空,比天空更宽阔的是人的胸怀。"

人生如旅途跋涉,难免会有凄风苦雨相伴。豁达是一种历练后的成熟。古人云:人生不如意事常八九,可与人言仅二三。不同的人对于人生的不如意,也有着不同的处理方式。有的人会自哀自怜,怨天尤人。豁达的人则会把它当成锻炼自己的机会,并能换个角度去考虑,因此所有的不开心便如过眼云烟,一笑而过。

佛界有一对楹联:"大肚能容,容天下难容之事;开口常笑,笑世间可笑之人。"

豁达大度说起来容易,实则做起来很难。它要求人们抑制个人的私欲,不为一己之利去争、去斗,也不能为了炫耀自己而贬低他人。

历览古今中外,大凡胸怀大志、目光高远的仁人志士,无不大度为怀;反之,鼠肚鸡肠、竞小争微,片言只语也耿耿于怀的人,没有一个能成就大事业。郭沫若是一个大度之人,他虽与鲁迅之间"笔墨相讥",但在鲁迅逝世后,他没有趁"公已无言"时前来"鞭尸",而是挺身站出来捍卫鲁迅精神,同时对以前"偶尔闹孩子气和拌嘴",颇为自责,他曾经诚恳地表示:"鲁迅先生生前骂了我一辈子,先生死后,我却要恭维他一辈子。"其情多么可敬,其辞多么可感。

宽广的胸怀犹如大海,能广纳百川之细流,也不拒暴雨和冰雹。忍耐的力量犹如弹簧,具有能屈能伸的韧性。谁若想在困厄时得到援助,就应在平时待人以宽,相容接纳、团结更多的人,在顺利的时候共奋斗,在困难的时候共患难,进而增加成功的力量,创造更多成功的机会。

只要有一种看透一切的胸怀,就能做到豁达大度。把一切都看做"没什么",才能在慌乱时,从容自如;忧愁时,增添几许欢乐;艰难时,顽强拼搏;得意时,言行如常;胜利时,不醉不昏而有新的突破。

只有如此放得开的人,才算得上是豁达大度之人。

凡事放得开来,不去主动制造烦恼的信息来刺激自己,即使面对一些真正的负面信息,不愉快的事情,也处之泰然,做到"身稳如山岳,心静似止

适应力——你可以不怕改变

水"、"任凭风浪起,稳坐钓鱼台"。这既是一种坚守目标、排除干扰的良策,也是一种豁达的表现。一个人假如处处在琐事中纠缠不休,就容易被小事所累,一生也必将一事无成。当然,放开并不等于逃避现实、麻木不仁,也不是看破红尘后的精神颓废和消极遁世,而是在奔向人生大目标途中所采取的一种洒脱、豁达、飘逸的生活策略。凡事看开一点,超脱一些,得到的无疑是潇潇洒洒、豁达轻快的生活。倘能如此,我们一定会拥有一个幸福美好的人生。

人生有顺境逆境,经济有高低起伏,因此是否豁达往往能在关键时刻决定一个人的未来发展。豁达是一种人生的态度,但从深层次看,豁达更是一种待人处世的思维方式。

因此,人应当有广阔的胸怀,宏大的气度。大河里生活的鱼,不会因遇到一点风浪就惊慌失措;而小溪里的鱼一旦风吹草动,一点异常动静,便会立刻四处逃窜。人也是一样,胸怀狭窄的人没有一点气度,常常争先恐后地与他人争夺蝇头小利,但这点小利到手后,却又发现丢了大利,如同人们所说的,是"丢了西瓜捡了芝麻"。胸襟坦荡广阔的人从不会为芝麻小事而忙得团团转,他们把目光投向生活的深度和广度,他们往往处变不惊,从容不迫。

每个人都希望自己每天开开心心、顺顺利利,可是既然是生活,就总会有那么一些小波澜、小浪花。在这种情况下,斤斤计较只会让自己的日子阴暗乏味,只有胸襟豁达才能让自己每天的生活充满阳光。

一个富人丢了很多金银珠宝,朋友劝他不要难过,他却笑着说,我为什么要难过呢,窃贼只窃走了我的财宝,而没有连我的命一起带走。

飞速行驶的列车上,一位老人刚买的新鞋不慎从窗口掉下去一只,周围的旅客无不为之惋惜,不料老人立刻把剩下的那一只也扔了出去。众人大感不解,老人却从容一笑:"再好的鞋剩下一只,对我来说,已没有任何用处。把它扔下去,也许捡到的人会得到一双,说不定他还能穿。"

第三章
改变你的处世方法,适应高效运转的社会

老人看似反常的举动,体现了他清醒的价值判断:与其抱残守缺,不如果断放弃。这种从容面对人生得失的豁达态度,令人顿生敬意,也发人深思。

曾有一个有趣的佛家故事更好地说明了这一点。

三伏天,禅院的草地枯黄了一片。"撒点草籽吧!好难看呀!"小和尚说。

师父挥挥手:"随时!"

中秋,师父买了一包草籽,叫小和尚去播种。

秋风起,草籽边撒、边飘。"不好了!好多种子都被吹飞了。"小和尚喊道。

"吹走的多半是空的,撒下去也发不了芽。"师父泰然说,"随性!"

撒完种子,跟着就飞来几只小鸟啄食。"糟糕!种子都被鸟吃了!"小和尚急得跳脚。

"没关系!种子多,吃不完!"师父微微一笑说"随遇!"

半夜一阵骤雨,小和尚早晨冲进禅房:"师父!这下真完了!好多草籽被雨冲走了!"

"冲到哪儿,就在哪儿发芽!"师父摆摆手,"随缘!"

一个星期过去了,原本光秃秃的地面,居然长出许多青翠的草茵。一些原来没播种的角落,也泛出了绿意。

小和尚高兴得直拍手。

师父静然说:"随喜!"

随不是跟随,是顺其自然,不怨恨、不躁进、不过度、不请求。

随不是随便,是把握机缘,不悲观、不刻板、不慌乱、不忘形。豁达是一种健康的待人处世方式,也是一种良好的人生态度,拥有了豁达,才能更好地与人交往。

能适应,会变通,左右逢源

适应力——你可以不怕改变

有这样一个故事:

苏丹梦到自己所有的牙齿都掉光了。于是,一觉醒来,他召来一位智者为他解梦。智者说:"陛下,您很不幸,只要掉一颗牙,就预示着您会失去一个亲人。"

苏丹非常生气:"你这个大胆的狂徒,竟然敢在这里胡说八道,重打100大板!"

然后,苏丹又下令找来另一位智者,智者听完苏丹的诉说后说:"高贵的陛下,您真幸福啊!您做的梦非常吉利,意味着您的寿命比您亲人的寿命还要长。"

苏丹非常高兴,令人奖赏这位智者100个金币。

这位智者走出宫殿的时候,一位礼宾官很不解,问他说:"真没想到,同样是对一个梦的解说,为什么他受到惩罚,而你却得到奖赏呢。"

第二位智者语重心长地说:"道理非常简单,所有的事物都是由表达方式决定的。"

很多时候,幸福和不幸,可以说都是在一句话之间。不管是在什么时候都要说出实话,但为人处世说出真相更要圆滑。

比如你对邻居说:"我家有一盆花,你帮我修剪一下吧。"对方一定会想:"哼,你可真会指派人,要我给你卖体力。"但如果你换一种说法:"我发现你家的花修剪得特别漂亮,你在这方面造诣很高。哎,我家有一盆花,你能不能教教我,看怎么剪才漂亮?"对方一定会高高兴兴地帮你剪花,并把它当做一件很有面子的事。

同样一件事情,说话的方式不同,导致的结果就截然不同,这就是技巧的作用。

做人和处世就像是同样一块宝石,如果拿起来扔到别人的脸上,就会造成伤害;但是,如果诚心诚意地奉上,对方肯定会欣然接受。

我们不妨观察一下周围的人。那些成功的经理、厂长,甚至专业性很强的工程师、律师、医生,他们成功是否因为他们的专业技术都是最好的呢?其实未必,他们的成功往往在很大程度上是因为他们善于为人处世,会有效说话,推销自己。也就是说,他们熟练地掌握了"圆"的艺术。正如幸福的家庭并不一定是妻子貌美如花、丈夫英俊潇洒,幸福的家庭在于双方对彼此的尊重体谅,以及关系的融洽和谐。

"世事洞明皆学问,人情练达即文章。"人的一生无非是做人与处世。做事要方,做人要圆,是准则。

人生要面临众多的选择,当我们在抉择时就应当像波涛中的巨石,用内心的坚韧以及顽强去抵挡强烈的冲击,以成熟的圆滑让这凶悍的震荡全部消失,坚守着一份执著。不要以自己的棱角伤害内心的坚强,悲壮的牺牲未必能换回该有的人生价值。圆滑的处世是一种变通,快乐幸福的人生掌握在我们自己手中。

9.对冷落你的人也要报之以笑脸

相信每个人都尝到过被人冷落的滋味,但人们面对"冷落"所采取的态度却不尽相同。有的人遇"冷"不冷,逢"落"不落,仍然表现出一种泰然处之、豁达坦荡的超然境界,其结果不仅使自己渡过难关,走向"热烈",而且逆境成才,留下了更加辉煌的人生篇章。有的人却不尽然,面对"冷落",便变得消沉起来,一蹶不振,最终使自己陷入自我封闭、孤独寂寞的困境而难以自拔。要走出被人冷落的误区,首先要接受冷落。

面对被人冷落的现象,可以先承认它的存在,允许它的发生。人生本来就是一个万花筒,赤橙黄绿青蓝紫,喜怒哀乐,酸甜苦辣,温凉冷热,可谓应

适应力——你可以不怕改变

有尽有,五彩缤纷,因此,被人冷落也不足为怪。

每一个生活在社会中的人,或多或少,或轻或重,都会遇到过"冷落",不管你是自觉的还是不自觉的,情愿的还是不情愿的,谁也休想与它绝缘。"冷落"作为一种客观存在的社会现象,你无论如何也不应当采取回避的态度。

当然,承认冷落的存在,并非是承认它存在的合理性,而是承认它的客观性。从而去接受解决此种矛盾方法的必然性。直面冷落,既不回避,也不惧怕。不但如此,面对冷落时,还要做到不委屈,不抱怨,并敢于坦然地表现自我。

大凡经历过冷落的人,大都有这样的感觉,抱怨冷落的结果只会在客观上助长受冷落压力的程度。与其过多地自我抱怨,倒不如从主观认识上找原因,以新的姿态重新扬起生活风帆,战胜冷落。

面对冷落,我们不妨扪心自问:为什么他人没有受冷落,却偏偏冷落了自己;为什么此时无冷落,彼处遇冷落?想来想去,你便会觉得,原来别人对自己的冷落都是事出有因。

假如受到来自顶头上司的冷落,你可能想到了他的偏见、不公正,但是否还应想到,你的工作态度差,表现得不好,才是上司冷落你的真正原因;

假如受到同事的冷落,你可能会想到他孤芳自赏,为人傲慢,心胸狭窄,无端嫉妒等,但是否还应想一想,是你的傲慢、无礼、清高,才使他人对你产生了冷落;

假如受到妻子的冷落,你可能会想,妻子不温顺、不贤惠、不会料理家务、不会热情待客等,但是否还应想到,你的大丈夫习气,动辄吹胡子瞪眼睛的性格,难道妻子还不可以冷你几次?

……

与其抱怨别人,倒不如利用这个间隙来反省一下自己。

冷落,会使你隐隐感到自己心灵上的某种丧失。这并不可怕,问题的关键在于你能否正确对待,能否科学地把握,能否从这种丧失中奋起。

朱迪丝·维尔斯特在力作《必要的丧失》中指出:丧失是不可避免的。我

第三章
改变你的处世方法,适应高效运转的社会

们从脱离母体直到死亡,在整个成长的过程中,丧失始终伴随着我们。它是"一种终生的人类状况"。理解人生的核心就是理解我们该如何对待丧失。"丧失是我们为生活付出的代价",但假如我们学会了放弃完美的友谊、婚姻、孩子和家庭生活的理想幻想,放弃对绝对庇护和绝对安全的幻想,那么我们将在这种放弃中重生。丧失是成长的开始,追求完美与恐惧丧失则是幼稚的,我们人生的路途由丧失铺筑而成。

现实生活中,我们常常习惯于把复杂的社会、复杂的人生理想化,接受收获往往比接受丧失更容易做到。其实,只要稍加留心,便会从生活中发现这样的画面:他是我的好朋友,同时又是别人的好朋友;上司对我特别器重,同时对另一个人也十分器重。想到这里,也许你就会认识到,放弃各种不切实际的期待,对于消除冷落的困惑,是多么重要!

冷落虽然使你暂时少了一些来自外界的热情,少了一些朋友,但往往能进一步激发你对热情的珍视,对朋友的重视。此时此刻,你将用自己的热情去温暖对方那颗冷落的心,你将不会再用消极的目光去对待朋友一时的偏颇。

生活中常常有这样的现象:有些才能出众的人,正是由于受不了世俗冷落的偏见,从此之后甘愿"随波逐流",也不肯再"出头"、"冒尖"了;也有一些较为愚钝的朋友,由于受到某些人的鄙视,就产生"破罐子破摔"的念头。一对曾经形影不离的好朋友,突然某一日反目成仇从此形同陌路……

生活是多色彩、多层面的,不必事事都有个所以然,必要的超脱也是一种生活的润滑剂。面对冷落,没有必要自我封闭,自我煎熬,洒脱一点,才是正确的人生态度。

俗语说得好:生活就是面对现实微笑,就是超过障碍注视将来。在生活中,每个人都会遭遇冷落,但更多的还是拥有热情。你应当不断地去寻觅生活中的热情。人人都希望把热情带进自己的生活,让生活变得更富有色彩、更富有诗意。如果你只会发现冷落,而不勇于去开拓和追逐热情,那么,在你的眼里就会只有苦涩、忧伤和痛苦。

适应力——你可以不怕改变

有的人在处理人与人之间的关系上,总是你对我好,我就对你好;你看不上我,我也不买你的账。这至少是一种不够大度的姿态。人与人之间的交流是双向的。一个成熟的人,他想到的往往不是得到,而更多的是付出,在很多时候做出必要的让步和牺牲。

面对冷落你的人,早上初见面时,可以主动上前去问候一声早上好;周末节假日,你可以主动邀请对方去参加一个舞会,或做一次短短的旅行;当对方乔迁新居时,你可以主动去当个帮手,等等。如果你能这样去想、去做,逐渐改变对方的态度,那么精诚所至,金石为开,看上去似乎你显得"矮"了一些,但在他人的心目中,你是高尚的、伟大的,值得信赖的。

人们在受到冷落之后,往往在生活上感到失意,在心理上产生退却。对于一个强者来说,愈是受到冷落的重压,愈应当富有自我表现的阳刚之气。此种勇气,不仅可以吹散来自外界对自己冷落的阴云,也最容易拨开自己被人冷落所带来的心头迷雾。

当然,在自我表现的过程中,你还应当注意不要自我标榜,故弄玄虚。这样做,不仅难以排除外界的冷落,还会由此带来更多的冷落。

自我表现,不仅应当有勇气,更重要的是要提高自己的素质,增强自己的实力。有了真才实学,就会为你平添一份自信,再加上自己的勇气,那你就会在生活的舞台上表现得潇洒自如,发挥得淋漓尽致。此时,你面前的冷落,便会一扫而光,迎来的将是张张笑脸,满园春色。

10.尽量不要与人结怨

仇恨越积越深,仇争不忍,则会以仇报仇,无休无止,这样对个人、对事业都没有益处。要忍仇不争,做到以德报怨,就需要有宽广的胸怀。只要能认识到仇争的害处,相信大多数人都愿意尽量地化解矛盾、团结共事。

第三章
改变你的处世方法,适应高效运转的社会

容忍别人对自己所犯的过错

容忍别人对自己所犯的过错,不记仇,别人必然以自己的一技之长来酬答你。你不记他的过错,给他以希望,他要报恩的感情存于胸中,一旦人的能量、才技被发挥出来,就能干一番大事业,对己、对人、对社会都是一大贡献。那些专门去收集别人的过错,寻找仇人的人,实在太过愚蠢。

唐代李吉甫,凭着祖上的功德,补了一个太常博士的缺,他很精通典章制度,所以李泌、窦参都很器重他,待他很优厚。当时陆贽怀疑他们是一党,就奏明皇帝,让李吉甫出任明州长史。后来陆贽遭贬到忠州,宰相想加害陆贽,起任李吉甫为忠州刺史,以图让他惩办陆贽。李吉甫到任之后,把以前的怨化置之脑后,反而与陆贽结为好友,当时人们因此都称赞李吉甫的气度。

人生在世,注定要受许多委屈。而一个人越是成功,所遭受的委屈也就越多。智者懂得隐忍,原谅周围的那些人,让我们的形象在宽容中变得高大。

有一天,一个强盗突然闯进禅院,朝着正在打坐的七里禅师恶狠狠地说:"快把你们禅院的钱都拿出来,不然我对你不客气!"

七里禅师平静地指着一个木柜,说:"所有的钱都在里面了,你自己去取吧!不过,希望你能够给我们留下一点,因为禅院快要没米了。"

强盗得手后,就急着逃走,这时七里禅师说:"你等等。"

强盗不解地问:"你想干什么?"

"收了别人的东西应该说声谢谢才对啊!"七里禅师认真地说。

强盗迟疑了一下,对禅师说:"谢谢。"然后就跑了。

天网恢恢疏而不漏,这个强盗最终还是被捕了。衙役把他带到七里禅师面前,问七里禅师说:"这个人曾经抢劫过你,是吗?"

强盗非常惶恐地看着七里禅师,他知道,只要七里禅师说一声"是",那

适应力——你可以不怕改变

么自己的下半生将在监狱里度过。他心想:"我完了,七里禅师没有理由不指证我。"

但是令人万万没有想到的是,七里禅师却对衙役们说:"他没有向我抢钱,是我自愿给他的,而且,他也谢过我了。"

就这样,强盗逃过了一劫,但是由于他还曾在其他地方犯过案,所以被衙门处以一年监禁。

在监狱中,强盗始终在想:"七里禅师为什么没有揭发我呢?难道仅仅是因为自己对他说了声谢谢,他就宽恕了我的罪过吗?"这个问题强盗始终想不通,但是,他却对七里禅师充满了敬重之心。从前,他在做坏事时候,总觉得自己已经堕落了,无论自己将来如何改变,别人都不会再宽恕自己了。但是现在,强盗终于明白,还有人能够宽容自己的愚蠢和邪恶,这人就是七里禅师。

这个人服刑期满之后,立刻来叩见七里禅师,真诚的恳请禅师收他为徒。

七里禅师笑着对他说:"我可以宽恕你的罪恶,但是这还不够,你自己必须要宽恕自己才行。从前的事情,你都忘了吧!从今往后,宽恕自己、宽恕别人,让你的生命重新开始。"

强盗顿悟,从那以后和七里禅师一起修禅行道,终成一代高僧。

七里禅师的宽容之心,能够让罪大恶极的强盗走上正途。由此可见,宽容是一种多么强大的人格魅力。原谅他人一时的过错吧!凡事无需锱铢必较,不必耿耿于怀,做到这一点,你将会赢得更多的尊重。

宽容是一种柔软的力量,似一捧清泉,能洗净自己和被宽容对象心中的尘埃。面对别人的错误,一味地反戈一击,一味地以暴制暴,只能让彼此的心结越结越深。

《法华经》有云:"我深敬汝等,不敢轻慢。何以?汝等皆行菩萨之道,当得作佛。"古人也说:"敬人者,人敬之!""我敬人一尺,人敬我一丈!"宽容确实是一种博大的情怀,能够包容人世间的一切悲苦。宽容也是一种境界,

第三章
改变你的处世方法,适应高效运转的社会

它可以使你得到世人的尊重,使人生跃上新的台阶。

人一生的福气有许多种,其中最可靠的,就是宽容和爱。因为这种福气并不来自外界,而是完全发自人的内心。拥有了宽容,就拥有了佛家所说的"福报",生命会因宽容而获得升华。

得理也要让三分,用宽容之心待人

有争斗,必然有所损伤。

若在"打斗"之前有一方能主动退让,那么,损伤将会减到最小甚至是零损伤。但大多时候,特别是在两个或者几个好胜者之间,是没有一方会首先提出"暂停"或是不"打"而举"白旗"的。就是为了那"可怕"的尊严,更害怕别人误解自己的"大义"而认为是懦弱或是心虚等。

真正的智者则会选择"宽容",会主动喊"停"。这并不意味着他输掉了"战争",一定程度上说,真正的赢家是这些喊"停"的人,因为他掌握了事情发展的主动权。

好胜心和自尊心人人都有。人际交往中,对一些非原则性问题其实根本没有必要计较。可有些人并不这样想,对一些小小不然的皮毛问题争得不亦乐乎,非得说上点儿什么,谁也不肯甘拜下风,说着就较起劲来,以至于非得决一雌雄才算罢休,结果大打出手,或闹得不欢而散,朋友结怨,反目成仇。对于一些非原则性的问题,给朋友一个台阶,满足一下朋友的自尊心和好胜心,不但可以使朋友之间的友情得以加深,而且还能显示出你的胸襟和修养。

有不少冲突都是由于一方或双方纠缠不清或得理不让人,一定要小事大闹,争个胜负,结果矛盾越闹越大,事情越搞越僵。其实,得理也要让三分,用宽容之心待人。

给予对方宽容,在得罪你的对方出现困难时,也真诚地帮助他。特别提醒的是要真诚,否则如果你是勉强的,就会觉得很不自在,如果对方的自尊心极强,还会把你的帮助看作是你的蔑视和施舍,而加以拒绝。

人生活在这个大千世界上,需要很好地处理好人与人之间的关系,需

适应力——你可以不怕改变

要与朋友友好相处。如何才能做到这一点？通俗地说，必须用一颗善良的心来对待一切，必须时时检讨自己，也就是要严以律己；同时，对人要宽容，得饶人处且饶人，即为宽以待人。

一个人的成功很大程度上体现在事业上的成功，而事业的成功则一半取决于人际关系的成功。在龙蛇杂处的社交场合里，表现得太过激烈，容易惹来麻烦；表现得太过柔弱，又无法使自己占有一席之地。聪明的人懂得运用社交手腕得到好人缘，得到别人的肯定。

"以和为贵"，不失为一种处世的根本原则。宽恕别人的过失，就是自己的荣耀。原谅别人，就是美化自己。长寿者共同的特性是心胸宽大。宽恕才能得到真正的自由。和婉的语气，使人感激；心存宽恕之心，才能令人怀念。理直要气和，得理要饶人。

社会生活无论多么复杂，说到底都是由人际交往组成的。社会生活犹如一张网，每个人都是这张网上的一个结。不论自觉不自觉、愿意不愿意，一个人每时每刻都要处理各种各样的人际关系。给别人留一些余地，自己将得到一片蓝天；给别人留一点后路，自己才会有更广阔的前途。与人方便自己方便，这是一种气度，更是一种做人处世的艺术。

做到合作和良性竞争

人和人之间对事物的理解总会有些不同，所以我们在生活里一定会遇到不同意见。如果不能宽容地对待别人的异议，我们将寸步难行。相反，如果能够相互尊重、相互包容、求同存异、真诚相对，那么就会拥有良好的人际关系了。

我们不能要求世事都如我所愿，更不能强求所有人的观点都和自己一样。人的差异性不可避免，所以我们尽量要在客观上做到求同存异，即寻找相互之间相同地方的同时尊重客观存在的差异性，从而实现彼此之间的合作。

有个人非常不善于和人打交道，经常与人发生口角。后来，他向一位大

第三章
改变你的处世方法,适应高效运转的社会

师请教:"我总是容易和别人产生矛盾,因为他们总是拿出一些我不能接受的意见,您说我该怎么办?"

大师想了一会儿,说:"你说水是什么形状的?"

此人见大师"词不达意",茫然地摇头说:"水哪有形状呢?"

大师笑着说:"我把水倒进一只杯子,水难道还没有形状吗?"

这人似乎有所悟,说:"我知道了,水的形状像杯子。"

大师又说,可我如果把水倒进花瓶呢?这人很快又说:"哦,这水的形状像花瓶。"

大师摇头,又把水倒入一个装满泥土的盆中。水很快就渗入土中,消失不见了。这人陷入了沉思。

这时,大师感慨地说:"看,水就这么消逝了,这就是人的一生。"

那个人沉思良久,忽然站起来,高兴地说:"我知道了,您是想通过水告诉我,我们身边的人就是不同的容器,想与他们相处得好,那么,我就要把自己变成可以倒入各种容器中的水。是不是这个道理?"

大师微笑着说:"你现在已经有所得,但还不完全正确。"看着重新陷入沉思的信徒,大师接着说:"水井里的水,河里的水,海里的水,他们虽然有不同的形态,可是他们却都是水。"

这个人恍然大悟:"人其实也应该像这水一样,能够顺应和包容外界的变化,但是却永远不改自己的本色。"

大师笑着点了点头。

大师通过水,点化了一个原本没有容人之量的人。我们也同样可以从中受到启发。对于那些生活中的不同意见,我们应该像水一样去包容、去适应。水之所以能在不同的环境中存在,就是因为水"不较真",它没有自己的形状,但是却也从来不改变自己的本质。道家也非常推崇水的境界,他们说"水善利万物而不争",其实也是在赞叹水的不争。

宋朝郭进做山西巡检时,有个官吏因为与他有点小过节,一直对他怀

适应力——你可以不怕改变

恨在心,终于有一次机会到朝廷控告他。宋太祖召见了这个官吏,经过一番审讯后,结果发现他由于仇恨在诬告郭进,于是宋太祖命人把他押回山西,任郭进处置。当时大多数人都建议郭进杀了这个人,但郭进没有那样做。因为郭进知道这是个人才,如果杀了他,就是国家的损失。当时正值兆汉国入侵,郭进就对这个官吏说:"你敢到皇帝面前诬告我,证明你确实有些胆量。现在我既往不咎,赦免你的罪过,但你要戴罪立功,如果你能打退入侵的敌人,我将向朝廷保举你。如果你打败了,就自己去投河。"这个官吏感谢郭进的不杀之恩,在战斗中奋不顾身,英勇杀敌,后来打了胜仗,郭进不记前仇,向朝廷推荐了他,使他得以提升,做了一员武将。

香港商业巨人李嘉诚所创建的公司均以"长江"作为字号。起初涉足塑胶业,他把塑胶厂取名为"长江塑胶厂",后来又转为房地产业,将其公司命名为"长江地产有限公司"。后来规模扩大,改名为"长江实业"。李嘉诚为何对"长江"二字如此青睐?他说:"长江,容纳百川,不择细流。"

是的,在商场上,对自己构成危害的人与事实在太多,如果每一个都去追究,恐怕就不会有精力去打理自己的生意了。只有用一颗宽厚博爱之心对待别人,做到良性竞争,才能不断壮大自己,最终取得成功。

□ 第四章

改变你的思维方式，
变通是成功的试金石

> 莫里哀曾说："变通是才智的试金石。"世间万物都在变，没有变化，自然会落后，就会无法生存。事变我变，人变我变，适者方可生存，成功离不开变通。
>
> 拥有了好的思路，才能够在迷雾中看清目标，在众多资源中发现自己的独特优势。即使身陷困境，也能保持清醒的头脑，找到解决问题的方法。

适应力——你可以不怕改变

1.善于改变思路的人,总能在困境中找到突破的办法

一家建筑公司的经理忽然收到一份购买两只小白鼠的账单,心里好生奇怪。原来这两只老鼠是他的一个员工买的。他把那个员工叫来,问他为什么要买两只小白鼠。

员工回答道:"上星期我们公司去修的那所房子,要安装新电线。我们要把电线穿过一根10米长,但直径只有2.5厘米的管道,而且管道砌在砖墙里并且弯了4个弯。我们当中谁也想不出怎么让电线穿过去,最后我想到一个好主意。

"我到一个商店买来两只小白鼠,一公一母。然后我把一根线绑在公鼠身上并把它放到管子的一端。另一名工作人员则把那只母鼠放在管子的另一端,逗它吱吱叫。公鼠听到母鼠的叫声,便沿着管子跑去救它。公鼠沿着管子跑,身后的那根线也被拖着跑。我把电线拴在线上,小公鼠就拉着线和电线跑过了整条管道。"

这个员工用他的智慧和创新思维解决了问题。

有了正确的思路,才能发挥出卓越的智慧。美国著名地质学家华莱士在总结其一生成败经验的著作《找油的哲学》中这样写道:"找油的地方就在人的大脑中。"他提出了一个著名的观点:人的大脑里蕴藏着丰富的宝藏,而思路是其中最珍贵的资源。

一天,有人卖一块铜,喊价竟然高达28万美元。一些记者很好奇,后来得知,原来卖铜的这个人是个艺术家。不过,不管怎样,对于一块只值9美元的破铜块,他的要价无疑是个天价。为此,他被请进了电视台,向人们讲述了他的道理。他认为:一块铜,价值9美元,如果做成门把手,价值就增加为

第四章
改变你的思维方式,变通是成功的试金石

21美元;如果制成纪念碑,价值就应该增加为28万美元。他的创意打动了华尔街的一位金融家,结果那块只值9美元的铜被制成了一尊优美的铜像,成为一位成功人士的纪念碑,最后的价值增加到30万美元。

9美元到30万美元之间的差距,可以归结为思考的结晶、创造力的体现,或者说这中间的差价,就是思维的价值、创造力的价值。由此,我们不难看出,思路对我们的工作和生活有多么重要。在现实生活中,善于思考问题、善于改变思路的人,总能在困境中寻找到解决问题的方法,在成功无望的时候创造出柳暗花明的奇迹。

当今社会,经济的发展格外受重视。多年来形成的市场经济规律告诉我们:只有思路常新才有所出路,不断转变思路,才能突破困境,找到正确的方向。成功的喜悦从来都是属于那些思路常新、不落俗套的人们。所以,要想在职场中大展宏图,就要在你的头脑中形成正确的思路,并坚持不懈为之付出努力。

美国食品零售大王吉诺·鲍洛奇一生给我们留下了无数宝贵的商战传奇。10岁那年,鲍洛奇的推销才干就显露出来了。那时他还是个矿工家庭的穷孩子,他发现来矿区参观的游客们喜爱带走些当地的东西作纪念,他就拣了许多五颜六色的铁矿石向游客兜售,游客们果然争相购买。不料其他的孩子立即群起效仿,鲍洛奇灵机一动,把精心挑选的矿石装进小玻璃瓶。阳光之下,矿石发出绚丽的光泽,游客们简直爱不释手,鲍洛奇也乘机将价格提高了1倍。也许正是这个有趣的经历,使得鲍洛奇对变通销售与定价有了独到的理解。在一生的商业生涯中,他一直保持灵活变通的思想。

鲍洛奇的公司曾生产一种中国炒面,为了给人耳目一新的感觉,他在口味上大动脑筋,以浓烈的意大利调味品将炒面的味道调得非常刺激,形成一种独特的中西结合的口味,生产出了优质的中国炒面。同时,使用一流的包装和新颖的广告展开大规模的宣传攻势,打出"中国炒面是三餐之后最高雅的享受"的口号,把中国炒面暗示成家庭财富和社会地位的象征。鲍

适应力——你可以不怕改变

洛奇这一做法相当成功。他把注意力主要集中在了大量中等收入的家庭上。他认为，中等收入的家庭，一般都讲究面子，他们买东西固然希望质优价廉，但只要有特色，哪怕价钱贵一些，他们也认为物有所值，他们是中国食品生意的主要对象。所以针对他们的心理，鲍洛奇在包装和宣传上花了很多精力。果然不出所料，中等家庭的主妇们皆以选购中国炒面为荣，尽管鲍洛奇的定价很高，她们依然不觉得贵。

另一方面，鲍洛奇很会揣摩顾客的心理，常常利用较高的价格吸引顾客的注意力。由于新产品投放市场之初，消费者对这种相对高价格商品的品质充满了好奇，很容易就激发了他们的购买欲。并且，一种产品的定价较高，可以为其他产品的定价腾出灵活的空间，企业总能占据主动。当然，这一切都是建立在产品的品质的确不同凡响的基础上的。

有一次，鲍洛奇的公司生产的一种蔬菜罐头上市的时候，由于别的厂商同类产品的价格几乎全在每罐5角钱以下，所以公司的营销人员建议将价格定在4角7分到4角8分之间。但鲍洛奇却将价格定在5角9分，一下提高了20%！鲍洛奇向销售人员解释说，5角钱以下的类似商品已经很多了，顾客们已经感觉不到各种商品之间有什么区别，并在心理上潜意识地认为它们都是平庸的商品。如果价格定在4角9分，顾客自然会将之划入平庸之列，而且还认为你的价格已尽可能地定高，你已经占尽了便宜，甚至产生一种受欺骗的感觉；若你的产品价格定在5角以上，立即就会被顾客划入不同凡响的高级货一类；定价至5角9分，既给人感觉与普通货的价格有明显差别，品质也有明显差别，还给人感觉这是高级货中不能再低的价格了，从而使顾客觉得厂商很关照他们，顾客反而觉得自己占了便宜。经鲍洛奇这么一解释，大家恍然大悟，但总还有些将信将疑。后来在实际的销售中，鲍洛奇掀起了一场大规模促销行动，口号就是"让一分利给顾客"，更加强化了顾客心中觉得占了便宜的感觉，蔬菜罐头的销售大获全胜。5角9分的高价非但没有吓跑顾客，反倒激起了顾客选购的欲望，公司的营销人员不得不佩服鲍洛奇善于变通的本事。

第四章
改变你的思维方式，变通是成功的试金石

在通往成功的路上，总会有各种各样的麻烦。但是我们不能因为那些麻烦而放弃了追求，更不能被胆怯阻碍了前进的脚步。成功与失败之间、幸福与不幸之间，往往只有一步之遥。只要你拥有正确的思路，勇敢地面对生活，那么在克服困境之后，你就能享受胜利的果实，成功也将为你敞开大门。

2.不做害怕变化的"恐龙族"

在数亿万年前，恐龙曾经是我们这个地球上最强大、最活跃的物种之一，但不知道什么原因灭绝了，至今没有一个科学家能拿出确切的证据来举证。但有人曾提出一个观点，就是当环境发生剧烈变化的时候，长期安于现状的恐龙缺乏"应变"和"学习"能力，无法改变自己以适应环境的变化。

职场如战场，淘汰本无情，如果一个人在中途倒下，只能证明其生存的能力不够强大。遗憾的是，在各个工作场所中，仍然有不少的"恐龙式"人物存在。

工作中，"恐龙族"最大的障碍就是无法适应环境。在他们周围有许多学习新技术、新知识，许多深造的机会，但是他们往往视而不见，根本无心寻求新的突破。

工作与生活永远是变化无穷的，我们每天都可能面临改变，新的产品和新服务不断上市，新技术不断被引进，新的任务被交付……这些改变，也许微小，也许剧烈。但每一次改变，都需要我们调整自我重新适应。

改变，意味着对某些旧习惯和老状态的挑战，如果你固守着过去的行为与思考模式，并且相信"我就是这个样子"，那么，尝试新事物就会威胁到你的安全感。

"恐龙族"不喜欢改变，他们安于现状，没有野心，没有创新精神，没有工作热忱，满足于目前的状态，不设法去改进自己，也没想过去做更好的工作。

✔ 适应力——你可以不怕改变

"恐龙族"不肯承认改变的事实。他们不愿为自己创造机会，而情愿受所谓运气、命运的摆布。

不懂得适应变化，让"恐龙族"在职场中处处受阻，路子也越走越窄，最终导致能力下降，步入灰暗的人生境地。既然前程已经看不到光亮，"恐龙族"就会选择随遇而安。

客观地说，随遇而安、过一种普普通通的生活也是一种人生，因为我们大多数人都是这样度过的。但是，如果总是随遇而安，把所谓的生活安全感放在人生的第一位，久而久之，我们就会产生一种惰性，机会来到面前也把握不住。

天地间没有不变的事情，万事万物随时而变，随地而变，随社会的发展而变，随人的生理、情感、观念而变。既然改变已成一种定律和必然，我们又何苦死守？不如顺应这种改变的大潮，在改变中不断完善自己。

在这方面，韩国偶像组合东方神起的做法就很值得我们学习。

东方神起组合于2004年在韩国出道，历经两年，横扫韩国各大音乐排行榜。2006年，东方神起转战日本，向这个全球第二大唱片市场冲刺，也取得了可观的成绩。在参加一次娱乐节目时，主持人很好奇他们怎样处理在韩国和日本生活的差异，询问成员们解决的方法。其中一个成员回答道：我们需要给自己"洗脑"，上了去日本的飞机，就要忘掉在韩国的事情，回到韩国，又要忘记在日本的事情。只有这样，才能适应一直在变换的环境，才能让自己在差异很大的环境中不会精神崩溃。

众所周知，艺人常常会变换自己的工作环境，如果不能很好地适应，那么无疑会影响他们的发展。职场中也是一样的，你必须想办法适应环境的变化，跟着公司的发展形势"翻"出新花样，想出新东西，创造出新价值。也就是说，工作中如果不能适应环境，就没有出路，就很难得到发展。不发展，别人进步了，就意味着你在落后，意味着你将会被社会淘汰，意味着你会被人超越，甚至意味着被别人取而代之！

第四章
改变你的思维方式,变通是成功的试金石

20世纪70年代,多元化成了全世界最流行的词语:世界多元化、国家多元化、关系多元化……各个企业为了迎接这股新的浪潮,也提出了各种多元化的经营战略。

被我们所熟知的迪斯尼,并不是以迪斯尼乐园起家,公司的赢利来源也不仅仅是主题乐园,而是以影视娱乐业为源头,媒体网络、主题公园和消费产品三大产业为延伸的多元产业层级赢利体系。

开始,迪斯尼制作动画、影视片,如《白雪公主和七个小矮人》、《人猿泰山》等,通过发行出售,赚取第一轮利润;再通过媒体网络,如美国全国广播公司ABC以及有线电视网ESPN等,赚取第二轮利润。在这两轮利润赚取的过程中,又为第三轮、第四轮利润做了铺垫:通过把电影和动画片里看到的故事变成可玩、可游、可感的游乐园(迪斯尼乐园),赚取第三轮利润;通过玩具、文具等消费品的出售,赚取第四轮利润。此外,迪斯尼还为米老鼠、唐老鸭、皮特狗等卡通形象申请专利,在法律保护下进行特许经营开发,获取利润。

由此可以看出,在共同品牌的引领下,产业的多元化增加了赢利点,极大地发挥了品牌与产业互动的乘数效应,使迪斯尼最终走向了成功。

20世纪80年代,我国企业也开始朝着多元化的方向迈进。它们积极打破原有的保守思维,通过跨国集团的方式融汇资金,利用与别国的集团公司签订合作协议来填补自己在技术上的缺陷,积极改变单一的经营方式,在多方面完善自己,增强自己在国际经济舞台上的影响力。

其实,所有的成功都是多元化的。我们常说,一个能够高瞻远瞩的团队,一定具有很强的实战经验,其实这就是一种多元化的体现。因为在丰富自己的同时,这个团队很可能因此涉猎更多的领域,或者在同一领域里做了不同的事情,加强了各个方面的知识、能力的储备。虽然未必每一个领域都精通,但是因为有所了解,就可以在需要的时候灵活运用。

著名主持人杨澜离开央视去美国哥伦比亚大学留学时,班上有很多同学都来自国际家庭,譬如爷爷是西班牙人,奶奶是匈牙利人,爸爸从阿根廷来,妈妈在纽约上班,他们这种独特的家庭背景让杨澜意识到自己文化传统所带

适应力——你可以不怕改变

来的先天盲点:"我发现世界上原本有各种各样的人、各种各样的思维方式,同样的事物有来自于不同角度的各式各样的看法。从此,我不再那么自以为是,不再以为自己以前一贯接受的观点肯定是正确的了。"

解放自己的思想,接受别人的思想,多种思想的碰撞,是多元化的重要表现形式。

企业在发展中,不可能一直打保守战,认为只有自己的发展方向是对的、自己的管理模式是最好的,丝毫不去参考别人的经营模式。这是一个信息爆炸的时代,地球已经变成了村落,如果一味固守旧的思想,坚持走单一的发展路线,那么我们将很快被激烈的竞争所淘汰。

个人同样需要开放思想,多向别人学习。但是在日常生活中,人们会利用各种规则来制约我们的思维发散。我们发现,很多大学生和研究生等受过高等教育的人,仿佛是一个模子里刻出来的,都是单一化的思路。

当前社会,一元化的人才太多了。我们都知道,不是社会不需要人才,而是社会不需要太多单一化的人才。所以,为了我们的前途与发展,请开化你的大脑,让多元化的阳光照进你的心灵,这样你才能真正实现自身的价值,获得成功。

3.学会转换思路,不要一条路走到黑

古罗马有一句俗语是"条条大路通罗马"。关于这句话,有这样一个小典故。罗马城作为当时地跨亚非欧的罗马帝国的经济、政治和文化中心,频繁的对外贸易和文化交流使得大量外国商人和朝圣者络绎不绝。罗马统治者为了加强对罗马城的管理,修建了一条条大道。它们以罗马为中心,通向四面八方。据说人们无论是从意大利半岛的某一个地方还是欧洲的任何一条大道开始旅行,只要不停地往前行,都能成功抵达罗马城。而现在"条条

第四章
改变你的思维方式,变通是成功的试金石

"大路通罗马"是形容达到一个目的的方法多种多样,我们在实现目标过程中可以有很多种选择。

无论是在追求梦想的道路上,还是在日夜奔波的生活中,我们常常会遇到"此路不通"的尴尬境地,但是变化已经存在,我们只能去适应变化,调整自己。

一位母亲列了一份清单让自己的孩子出门买各种杂粮,并在孩子临走时给了他几个装米的袋子。

孩子来到粮店,依照购买清单一一过目,这才发现少了一个袋子。清单上详细地写了大米、小米、高粱和玉米四种粮食,而母亲就给了三个袋子。孩子没有多余的钱买布袋,也就没办法买全所有的粮食,于是就只装满了三个袋子回家了。

归来后,孩子一进门就抱怨母亲不仔细检查布袋,以至于让自己还要再跑一趟,买剩下的玉米。母亲笑了笑:"你不会找老板要一根绳,然后把装的少的布袋从中间扎牢,那么上面一层不就可以装玉米了?实在没想到的话,你还可以再买一个布袋装玉米啊?"孩子反驳说没有多余的钱买布袋。母亲又笑了笑:"傻儿子,你不会少要一斤米啊?这样不就能买布袋了吗?"

孩子一听傻了眼,又羞又恼地去买玉米了。

在问题面前,一种办法解决不了,我们还可以再想其他办法。最重要的是在遇到问题时不能循规蹈矩,墨守成规,一头钻进死胡同。要学会转换思路,改变角度,那样你会发现解决问题其实一点也不难。

我们必须意识到变化随时随地都有可能发生。我们不但要适应变化,适时调整,还要学会预见变化,做好迎接挑战的准备。

"此路不通彼路通,此路风景独好,彼路风景更胜。"事实上,我们之所以会执著于此路而停滞不前,是因为我们的固有思维认为那是最顺畅、最好的一条路。惯性思维方式让我们错过了许多宽敞顺畅的大路,也错过了许多别样的美丽风景。

适应力——你可以不怕改变

"观光电梯"的发明其实很偶然,它的创意是在一次增设电梯的工程中闪现的。

因为人流量的加大,原本的电梯已不能满足人们的使用需求,美国摩天大厦出现了严重的拥堵问题。为了尽快解决这一问题,工程师建议大厦尽快停业整修,直到将新的电梯修好为止。这个建议很快得到了上层领导的认可并被付诸行动。当电梯工程师和大厦建筑师们做好了一切准备工作,开始要穿凿楼层时,一位大厦里的清洁工在询问情况时激发了工程师们的创意。

"你们得把各层的地板都凿开吗?"清洁工问道。工程师向她解释,如果不凿开,那就没法装入新的电梯。

"那大厦岂不是要停业很久?"清洁工又问道。工程师无奈地点头,"每天的拥堵情况你也看到了,我们没有别的办法,也不能再耽误了,否则情况会更糟。"

清洁工不经意地随口说道:"要是我,我就把电梯装到外面去。"

这个看似不经意的建议,其实蕴含了无限的智慧。也许身为清洁工的当事人并没有察觉到她的一句玩笑话会成为工程师们的创意亮点。于是世界上第一座"观光电梯"就这样孕育而生了。

专业工程师为了解决大厦拥堵的状况,决定在大厦内再安装一架电梯,这一方案可谓吃力不讨好。而另一个方案不仅解决了问题,缩小了大厦停业的可能性,而且还创造出了有观景作用的电梯。这条路不仅解决了问题,而且还能使人们欣赏到最美的风景。

为什么工程师们的专业眼光就产生不了这一奇妙的创意呢?根本原因就在于这些工程师早已束缚在一成不变的建筑知识体系当中,形成了一套固有的思维模式。只有挣脱这种固有思维模式的束缚,才能发现更好的解决方法。

获得成功的途径是多种多样的,并不是鲁迅弃医从文才会获得成功。

第四章
改变你的思维方式,变通是成功的试金石

以他的伟大人格和深厚知识来说,即使他继续学医,未必不会成为另一个"白求恩"。像天才达芬奇,他的建树不仅在于艺术绘画等方面,在天文、物理、医学、建筑、水利和地质等方面也都有一些重要的成就,成为后世学科研究的最好参照。

每一条路都能通往成功,唯一不同的只是这些路的艰险情况。正如"条条大路通罗马"一样,在不同的行业里,用不同的奋斗方式,都能使我们获得成功。"此路不通"的情况只存在于路标牌中,因为通过绕行,我们最终仍能殊途同归。

1850年的美国西部是一片充满传奇和财富的土地。随着大量黄金的被发现,人们怀着淘金的梦想,纷纷踏上了西部荒无人烟的土地。

身为犹太人的李维·施特劳斯从小就相当聪明,同所有犹太人一样,他不安分、爱冒险,而且他继承了犹太人善于经商的本事。他在20多岁时便放弃了稳定工作,加入到淘金的洪流中。

长途跋涉来到西部后,他发现淘金的美梦并不现实。荒凉的西部早已涌满了淘金的人群,到处都是他们的帐篷。

发财的人遍地都是,他到底能不能分到一杯羹呢?他心里没底,但不想就这样放弃,更不想这样漫无边际地等待,心中渴望尽快成功的他开始思考自己的成功之路。

一次偶然的机会,他发现自己所在的淘金地点离市中心很远,每一次淘金者买东西都十分不方便。他决定放弃淘金这种遥不可及的发财梦,然后他开了一家日用品商店,试图以另一种方式获得成功。

事实证明他是对的。他的小商店生意越来越好,淘金者们"金闪闪的收获"源源不断地流向了李维的小商店。但是他的小商店里有一样东西的销路始终不好,那就是帆布。按理来说,淘金的人都住在帐篷里,最需要的就是帆布。但是淘金者大多都自己带帐篷了,因而帆布的生意就非常冷淡。

一天李维向一名淘金者推销帆布,工人摇摇头说"我不需要帐篷,我

适应力——你可以不怕改变

需要向帐篷一样坚硬耐磨的裤子。"李维很好奇,追问原因,工人告诉他,淘金的工作很艰苦,衣服经常要与石头、砂土摩擦,一般的裤子都不耐磨,几天就破了。这些话提醒了李维。他想这些帆布如果做成裤子,肯定很受大家的欢迎。于是他仿效美国西部一位牧工的设计制作了工装裤。1853年,第一条日后被称为"牛仔裤"的帆布工装裤诞生了。他向矿工推销,不出所料,这种款式和布料的裤子很受工人喜欢,大量的订单随之而来。李维的事业也由此起步。

在这场全民淘金的竞争中,每个人都想发财,一些人利用淘金获得了成功,而另一些人看到了别的发财机会,同样也获得了成功。因而不是没有成功的路,关键在于要有洞悉商机的头脑。

其实"此路不通彼路通"是在告诉我们要勇敢面对"不通"的窘境,然后运用发散思维寻找另一条成功的捷径。

每个人的思维方式都不相同,也不是每个人在面对"不通"的窘境时都能处之泰然,游刃有余。但如果我们掌握了一些方式方法,便能轻松地解决这些问题。

首先,我们要避免此路不通的情况发生。要承认这些变化,事前进行详细的思考与分析,找出前进道路中可能会出现的所有问题,并做好准备;发生变化后,不能慌张,也不要一味地守株待兔。办法是死的,但人是活的,我们要适应变化,适时调整方案,坚持不懈,朝着成功勇敢迈步。

其次,要开拓思维能力,提高处事应变的能力。变相思维、逆向思维、多向思维等,我们应锻炼自己的思维头脑,从中找到最适合的处理办法。思维就像一台机器,使用多了就会熟能生巧,经常从不同角度全方位地思考问题,处理问题的方法自然就会越来越多,也就能从中找到最好的一条捷径。

我们可以在一些充满智慧的书籍里寻找和积累处理问题的方法,多提问多参考,需要的时候通过联想就会有灵感生出。熟能生巧,遇到类似的难题时就不易被困住。还应积极参与辩论,思想在辩论中产生,思维在辩论中发展。在辩论中锻炼并提高自己的思维能力和反应能力。

第四章
改变你的思维方式,变通是成功的试金石

4.摸着石头过河,培养举一反三的能力

遇到困难,人们总喜欢以顺势的思维去思考,希望在相同的领域里摸索到能够解决问题的方法,但有时却根本满足不了我们的需求。这种时候,我们完全可以试着从其他的领域寻找方法。

人与人之间、事物与事物之间都存在着许多相似点,虽然表现的方式是不同的,但是只要你有一双善于发现的眼睛,你就可以找到他们的共同点,从而刺激大脑,想到解决问题的办法。

300多年前,一位奥地利医生给一个胸腔有疾的人看病,由于当时技术落后,医生无法发现病因,病人不治而亡。后来经尸体解剖,才知道死者的胸腔已经发炎化脓,而且胸腔内积水。这位医生非常自责,决心要研究判断胸腔积水的方法,但始终不得其解。恰好,这位医生的父亲是个酒商,他不但能识别酒的好坏,而且不用开桶,只要用手指敲敲酒桶,就能估量出桶里面有多少酒。医生由此联想到,人的胸腔不是和酒桶有相似之处吗?父亲既然能通过敲酒桶发出的声音判断桶里有多少酒,那么,如果人的胸腔内积了水,敲起来的声音也一定和正常人不一样。此后,这个医生再给病人检查胸部时,就用手敲敲听听。他通过对许多病人和正常人的胸部的敲击比较,终于能从几个部位的敲击声中,诊断出胸腔是否有病,这种诊断方法现代医学称为"叩诊法"。

后来,这种"叩诊法"得到进一步的发展。1861年,法国男医生雷克给一位心脏病妇女看病时,非常为难。正在此时,他忽然想起了一种儿童游戏。孩子们在一棵圆木的一头用针乱划,另一头用耳朵贴近圆木能听到刮削声。由此,他有了主意。他请人拿来一张纸,把纸紧紧卷成一个圆筒,一端放在那妇人的心脏部位,另一端贴在自己的耳朵上,果然听到病人的心脏的跳动声,而且效果很好。后来,他就将卷纸改成小圆木,再改成橡皮管,另一头改进为

✓ **适应力——你可以不怕改变**

贴在患者胸部能产生共鸣的小盒,就成了现在的听诊器。

摸着石头过河,尽管会在探索的过程中感受到艰难,但是,面临自己解决不了的难题,既然没有更好的方法,那么我们完全可以开阔自己的思路,吸收一些不同的想法和做法,举一反三,将不相同的事物串联起来,使不可能变成可能。

在生活中,我们更需要这种以一点观全局,以此类事物联想到彼类事物的思维方式。特别是在职场中,我们身边的很多人都从事过不同的行业,他们可能会觉得自己的不同经历之间是没有联系的,其实这样的想法是错误的。你可能现在在做编辑,但是曾经做过的销售工作,很可能为你开阔思路起到一定的作用,你的生活阅历也将是你进行创作的基础;你可能现在在做文员,以前的教师工作也许能让你更加容易适应文科办公室里的工作氛围……虽然摸着石头过河有一些冒险,但是当你渡过了难关,你就会发现,自己已经从毛毛虫变成了一只翩翩起舞的漂亮蝴蝶。

在企业当中,同样需要将触类旁通运用到极致。众所周知,市场是没有现成的规律可以遵循的,它总是在以飞快的速度变化着。如果我们想要依靠相同领域里的其他人的思想来为自己创造效益,那么无疑我们就是在模仿他人。跟在别人的身后,是不会有什么大发展的,所以我们要走出一条属于自己的道路。这是十分艰难的。人的大脑是有限的,不可能事事都能想到对策,这就需要我们学会摸着石头过河,善于利用其他领域的观念,来创造自己的人生财富。

5.剥离表象,去思考事物的内在

每一个人天生都具有思考的能力,思考表象很容易,但剥离表象的掩盖

第四章
改变你的思维方式,变通是成功的试金石

去思考真理却要难得多,其中需要付出的努力远远超过做其他的任何事情。

要做到正确的思考就要思考真理,而不是思考表象,要思考事物的本质,而不是思考事物的形式。

"思想有多远,路就有多远",正如这句鼓舞人心的广告语所说,一个人能走多远,取决于他能想多远。一个人成功的程度,取决于他胸襟和眼界的广阔程度。放眼现实世界,世界首富比尔·盖茨、科学奇才霍金、香港华人首富李嘉诚、太平洋严介和、阿里巴巴总裁马云、著名功夫演员成龙……这些人的辉煌和成功给我们留下很多思考:为什么他们能在众人中脱颖而出,创造奇迹呢?究其原因,就是因为他们身上具有一种东西——那就是与众不同的思路,独一无二、深彻独特的思想精神,所以他们改变了自身的命运,也改变了这个世界。

正确的思路,好的思路,可以影响和改变很多东西,甚至可以改变一个人、一个企业乃至一个国家、一个民族的命运。

现实是最英明的裁判。张瑞敏总结提出的"没有思路就没有出路"的思想理念,如今已经成为海尔集团的重要战略理念,也是海尔独有的创新文化之一。正是在一系列科学而先进的创新观念的指导下,在短短20余年的时间里,海尔从一个亏空147万的街道小厂,发展成为全球营业额上千亿人民币的国际化大企业,20年走过了世界同类企业100年甚至更长时间走过的路。奇迹般的业绩,不仅使海尔成为国内企业中的佼佼者,而且一跃成为世界企业中的佼佼者,创造了一个令世界震惊的"海尔神话"。

海尔还有一个思路——只有淡季思想,没有淡季市场。

七八月份是洗衣机的销售淡季,海尔经过市场调查分析得出结论:不是夏天客户不买洗衣机,而是没有合适的洗衣机。夏天要洗的衣服也就是一件衬衣、一双袜子之类的东西,用容量5公升的洗衣机,既费水又费电,非常不合算。据此,海尔开发了一种夏天用的洗衣机,是当时世界上最小的洗衣机,容量为1.5公升,而且有3个水位,最低的洗两双袜子也可以,这个产品一下子就在西方畅销开来。

适应力——你可以不怕改变

从1995年开始生产洗衣机到现在,海尔销量在全国始终排名第一,主要原因就是,海尔人的新思路创造了领先的产品,打开了洗衣机销售的新出路。对此,张瑞敏说:"我们卖给消费者的,绝对不是一个产品,而是一个解决方案。"

在服务思路这方面,三联书店也颇有见地。三联书店始终以邹韬奋先生创办生活书店的宗旨——"竭诚为读者服务"为店训,强调经营管理,长期以"读者的一位好朋友"自视。早在1935年就开办了电话购书业务,以方便读者。三联书店之所以能吸引不同阶层的人士,除了自身的商誉之外,主要得益于它的服务思路、服务态度和服务水准。

三联书店的管理者和经营者谙熟一个道理:在商战中,竞争对手之间以能否获得更多顾客青睐决定胜负。因此,他们始终在变换经营思路、服务思路。三联书店的服务融入到整个店面中,自然、平和、贴切,令人宾至如归。比如,人性化的高度和宽度,让人平静、放松的背景音乐,对读者无为而治的管理方式等。这些服务措施将书店变成了沙漠中的绿洲,让都市人在喧闹中获得了宁静,享受到了自由,汲取了知识。调查显示,开发一位新客户,要比留住一位老客户多花5倍的时间。当客户的基本生活需求满足之后,客户期待的不仅仅是产品和价格,更重要的是服务和尊重。

美国一对青年夫妇在用奶瓶给婴儿喂奶时,觉得市面上出售的奶瓶太大,8个月以下的婴儿都无法自己抱住奶瓶吃奶。女方的父亲恰好是一家工厂烧焊产品的检查员,听到他们的抱怨,便顺口说,最好在奶瓶两边焊上瓶柄,婴儿就能双手抓着吃奶了。一句话启发了这对青年夫妇,他们设法将圆柱形的奶瓶改制成圆圈拉长后中间空心的奶瓶,投放市场销售。结果60天内卖出5万个奶瓶,开业的第1年就收入150万美元。不经意间的一个小小的思路,创造了一个不小的奇迹。

一个小小的改变,一个新的思路,往往会得到意想不到的效果。我们在

第四章
改变你的思维方式,变通是成功的试金石

日常生活中,千万别失去思考力,要不断创新思路,接受新知识、新事物。思路变,观念变,局势就变,结果自然大不相同。因循守旧、墨守成规,无论何时何地都没有前途。正所谓:"要有出路就必须有新的思路,要有地位就必须有所作为,只有敢为人先的人才最有资格成为真正的先驱者。"

伟大的改革设计师邓小平有一句名言:"思想再解放一点,胆子再大一点,步伐再快一点。"

在创业过程中,如果你要想开拓财路,不光要具备审时度势的头脑与眼光,还要能及时打破思想局限,提升独创意识,更新思路,在思维上创新。我们常说,有什么样的思路,就有什么样的行为;有什么样的行为,就有什么样的出路;有什么样的出路,就有什么样的命运,所谓"思路决定出路,出路决定财路"正是这个道理。

6.正向思考是一种强大的力量

对我们来说,正向思考是一种强大的力量。它不仅能够让我们的心智变得坚定、积极,而且直接作用于我们的身体,使我们获得心灵、身体的双重支持。

经科学家研究证明,正向思考的神经系统所分泌的神经传导物质具有促进细胞生长发育的作用。因为人体的神经系统与免疫系统相互关联,所以在人们展开正向思考时,身体的免疫细胞也会同样变得活跃起来,并继续分化出更多的免疫细胞,使人体的免疫力增强。所以一个积极面对生活、对身边一切经常采取正面思考的人,更不容易生病,也更容易获得长寿、健康的人生。

另外研究学者寇菲也指出:人们在挫折面前,有超过九成的人会有退缩、攻击、固执、压抑等反应,而善于运用正向思考的人产生这些反应的比率则低于一成。

适应力——你可以不怕改变

美国心理学家马丁·塞利格曼也曾对修女做过一项关于快乐和长寿的研究。被纳入研究范围的180位修女几乎都过着有规律的与世隔绝的生活，不喝酒也不抽烟，几乎吃着同样的食物，都有着相似的婚姻和生育历史，都没有被传染过性病，社会地位以及享受到的医疗照顾基本相同。但是，这些修女的寿命和健康状况差别仍然很大。其中有人年近百岁仍然身体健康，而有人则在年过半百时就患病而终。

后来塞利格曼专家发现，那些寿命较长的修女总是拥有着快乐、积极的生活态度。一位98岁的修女曾在她的自传中写道："上帝赐给我无价的美德使我起步容易。过去一年在圣母修道院的日子非常愉快，我很开心地期待正式成为修道院的一员，开始与慈爱天主结合的新生活。"

这位修女的健康与长寿很大程度上得益于她乐观的心态。

可见，正向思考带给我们的力量是由心至身的，也是巨大而不可替代的。它带给我们无限向上的力量，让我们即使面对逆境也能保持乐观、积极的心态，不会因为遭遇困难而怨天尤人、一蹶不振，更不会郁闷成疾，它是可以经由我们自行制造的健康保护伞、心理调节器。

一个女孩因为不甚丢失了一条非常心爱的项链，所以心情一直很低落，长达两个星期茶不思、饭不想，还因此生了一场大病，很久都没有痊愈。后来一个神父前去看望她，并问她道："假如哪天你不小心丢失了十万元钱，你会不吸取教训而再丢失另外二十万元吗？"

女孩毫不犹豫地回答："当然不会。"

神父接着又问道："但是你为什么要在丢掉一条项链之后，还要丢掉两个星期的快乐，甚至还因此大病了一场，丢掉了自己的健康呢？"

听了神父的话，女孩恍然大悟，一下子跳下床，说："是啊，我为什么还要主动丢掉那么多属于自己的东西呢？从现在开始我拒绝再损失下去，现在我要想办法怎么才能再赚回一条项链。"

一帆风顺的人生少之又少，我们时常会面对人生的起伏跌宕，挫折、烦

第四章
改变你的思维方式,变通是成功的试金石

恼、伤害、磨难也许会毫无预兆地闯入我们的生活,使人生变得不再美好、顺畅,甚至一度变得灰暗、毫无生气。但是只要我们积极调动自己的思想,发挥正向思考的作用,就能驱走一切阴霾,拥有快乐、美好的人生。

女孩因为一条项链丢掉了快乐、丢失了健康,是因为她埋没了正向思考的力量。消极的思考只会加速美好事物的流失,而唯有正向的、积极的思考才具有吸引美好事物的独特力量。也许人生中的困难带给你的并不仅仅是丢掉一块手表那样简单的悲伤,有时甚至会压得你喘不过气来,但是请记住,不论你失去了什么,你都不会失去它:可以正向思考的思维。只要你积极调动它,它就能驱赶一切负面因素,帮助你抵达快乐、成功的彼岸。

一天,美国前总统罗斯福的家中失窃,损失了很多钱财。一位朋友得到消息后立刻给罗斯福写了一封信,希望可以安慰他一下。不久,这位朋友就收到了罗斯福的回信,信中写道:

"亲爱的朋友,非常感谢你来信安慰我,我现在很平安,请你放心,而且我还要感谢上帝:首先,小偷偷去的是我的东西,但是没有伤害到我的生命;其次,小偷只偷去了我家的一部分东西,而不是所有;再次,最让我值得高兴的是,做小偷的是他,而不是我。"

这是一个广为流传的故事,罗斯福所列举出的三条感谢上帝的理由,充分显示了他作为正向思考者的特质。这种特质也成为他深受美国民众和世界人民尊敬的原因之一。或许谁都不曾想到,这样一位曾在美国政坛连任四届总统,并对联合国的建立做出过突出贡献的政界"奇才",竟然会是一个从小患有小儿麻痹症的人。罗斯福的一生都闪耀着夺目的光彩,这得益于他的聪慧与勤奋,更得益于他所具备的正向思考特质,正是这种特质使他充分发挥出了生命的力量,成为美国历史上最伟大的总统之一。

可以说,善于正向思考的人更容易获得上天的垂青,因为这些正向思考者身上有着一种独一无二的特质,能够吸引美好事物的到来。因此,我们了解并认识正向思考者所具备的特质,并将其与自身相结合,也是一个剖

适应力——你可以不怕改变

析自我、认识自我,并间接完善自我的过程。

善于正向思考的人都有着几乎相同的人格特质,对于人生的态度也惊人地相似,这让他们拥有了把握精彩人生的巨大力量,使他们时刻心怀感恩、积极向上,为自己的生命而歌。正如霍金所说:"我的大脑还能思维,我有终生追求的理想,有我爱和爱我的亲人和朋友,对了,我还有一颗感恩的心……"这无疑成为那些正向思考者始终都在心中哼唱着的歌谣。

归纳来看,正向思考者所具备的特质主要体现在以下三个方面:

1)能够坦然面对现实

现实也许并不总是像我们想象得那样美好,难免会上演悲伤与落寞,逃避现实只能让它们越来越近,唯有面对,才能获得与之抗争的勇气与力量。

2)拥有深信"生命有其意义"的价值观

任何一个生命个体都有其独特的意义,完全地发挥生命的内在力量,并将这些力量服务于社会,贡献于世界,每个生命都可以闪现出耀眼的光芒,获得世界的认可。

3)实时解决问题的惊人能力

行动是一切事物得以实现的重要因素,如果只说不做,再多的思考也是徒劳。具备解决问题的能力,才能拥有推动事物发展的实力。

正向思考者所具备的特质仅仅三条而已,却概括地诠释了人们驾驭自我、实现生命完整价值的过程:树立信心、坚定信念、实施行动。然而信心需要多大,信念需要多么坚定,行动需要付出多少艰辛与努力,都是需要我们每个人去深入了解的。

有一句名言说:"生活是一面镜子,你对它哭,它就对你哭;你对它笑,它就对你笑。"而这也恰恰总结了正向思考的内涵:用美好的心态去面对生活中的一切,就会得到正向的思考结果,并且这种结果会作用于生活,使它朝着好的方向发展。

罗马著名哲学家爱比克泰德曾经说:"是否拥有幸福并非取决于天性,而是取决于人的习惯。"人们在面对挫折时,容易本能地在头脑中回忆那些令自己伤痛的感觉和事物,产生消极心态,但是并不是所有人都会因为挫

第四章
改变你的思维方式,变通是成功的试金石

折而唉声叹气、止步不前。有些人无论面对多么大的挫折,都不会产生消极的心态,总是拥有拼搏的力量和斗志,一生都保持着乐观的生活态度,这是因为他们学会了正向思考,并将这种正向思考培养成了一种思想习惯。

最好的一种培养方法就是进行积极的自我暗示,这是一种意识作用。莫斯科未开发脑研究所的乌拉吉米尔·赖可夫博士利用催眠术来刺激未开发的脑部,进行开发能力的研究,赖可夫博士暗示志愿者"你画得一手好画",在连续十次的暗示之后,这位基本没有什么绘画功底的志愿者画出的作品竟然不输给专业画家。在生活中,我们可以借由训练来加强正面思想的灵活性。可以通过以下几步来实现:

1)截断负面情绪

也许在遭遇挫折和不幸时,你会首先出于本能地产生一些负面的情绪,诸如悲伤和不快乐等。你需要首先截断这些负面情绪对你的影响,提醒自己必须阻止这些负面情绪的蔓延。

2)引入正向思考

将事情朝美好的方向思考,放下一切思想包袱,让自己轻松面对。

3)将正向思考带入身边的每一件事

事物有利便有弊,所以你应该把正向思考带入自己的生活中,并且坚持下去,使自己的正向思考成为一种模式,一种惯性。

大千世界,每个人都在经历自己的人生,并用自己独特的方式演绎着,当然也有着多种不同的人生结果。有些人始终生活在悲观之中,一生都无法逃脱不快乐的情绪;有些人会因为别人的劝慰而逐渐走出人生的低谷;也有些人因为遭遇挫折而一蹶不振,后又受到某些启示而重新充满斗志。对这些人来说,人生往往都有灰色的盲点,甚至暗淡得不堪回首,但是唯有一种人,在他们的整个人生中,从来都是充满色彩与活力的,那就是那些懂得运用正向思考力量的人。

正向思考者时刻保有对生活的热情和挑战一切的勇气,并借由这种力量去勾画自己的人生,不断为人生填满绚丽的色彩,从而始终拥有精彩、富有挑战性的人生。

7.创新能力是最大的竞争力

很多人发现机遇是一种偶然,也是一种必然。因为有的人注定一生不能发现机遇,即便机遇近在眼前。而有的人即便机遇离他很远,他也一眼便能看见,这就是平凡者和伟大者的区别。经过分析发现,这种区别就是他们自己的眼光。平凡者的眼光是平凡的,即便看见一些不平常的现象,他们也会习以为常,走马观花匆匆而过。然而就在他习以为常的表象后面,往往躲藏着他找寻了大半辈子的机遇。而对于那些成功者而言就不一样了,即便是一件平凡不已的事情,在他们眼中都会有不凡之处,他们善于发现藏在这些现象背后的机遇,即便要找寻这个机遇需要拐好几个弯,他们也不会错过。

所以,当一个人处于一种难以解脱的困境或是在工作中遇到难题时,要善于从原有的思维中跳出来,换一个角度或者是思维重新去考虑问题,寻求解决之道。只有你的"心"变了,你才能迎来新的曙光。

创新是一个永远不老的话题,创新并不是少数天才的专利,每个人都能创新。在细节中创新,就是要敏锐地发现人们没有注意到或未重视的某个领域中的空白、冷门或薄弱环节,改变思维定势,最终将你带入一个全新的境界。

想别人没想到的,做别人没做到的,这就要求你格外留心生活中的细节。在别人没有注意到的地方做足文章,你才能在与别人的竞争中取得更大优势。也许某个不经意的举动,就可以使你灵光一现,你便会有所突破并继而前途无量了。

古语有"变则通,通则达"的说法,创意是在实践中不断得到提高和发展的。例如,怎样使电视看起来更清晰?怎样使沙发坐起来更舒服?怎样使阅读起来更便捷?……需要创新的东西太多,正因如此,创新才使得我们的

第四章
改变你的思维方式,变通是成功的试金石

生活变得丰富多彩。

  有位日本妇女,在用洗衣机洗衣服后发现,衣服上总会沾上一些小棉团之类的东西。有一天,她突然想起小时候在山冈上捕捉蜻蜓的情景。她想,小网可以网住蜻蜓,同样也可以网住那些小棉团。于是她用了三年的时间,边做边想,边想边做。终于在经过无数次的反复实验之后取得了成功。这种小网挂在洗衣机内,那些杂物就清除掉了。由于它构造简单,使用方便,成本低廉,深受大家的欢迎。当然她获得了高额的专利费。你看,只要你留心观察生活,它总会带给你惊喜。

  一个人潜在的创造力是一生享用不尽的财富,它可以使你战胜任何困难。这些困难并不一定指你所犯的错误或者遭遇的挫折,它们还包括你不知道如何将事情纳入正轨,或者如何解决的一些困难。多数时候,你知道如何解决汽车抛锚的问题,你也知道如何应对经理布置的几乎不可能按期完成的加班任务。所以说,你也具有创造能力,并且有可以把内心的梦想变为现实的能力。
  就此而言,创造力是一种最高的力量,更是所有人都具备的能力。只要学会细心观察,慢慢地你就会发现世界上的事物总是在变,而能够利用这种变化为自己创造机会、创造成功的人,就会拥有闪亮的人生。那些被认为是有创新能力的人所拥有的创造力其实仅比你多了一点点。

8.不要两次走进同一条死胡同

  世界上没有一个人能保证自己永远不犯错误。对于社会中的每一个人来说,我们应当牢记的一个法则是:不要犯同样的错误。正如那句谚语所

适应力——你可以不怕改变

说,一只狐狸不能以同样的陷阱捉它两次,驴子绝不会在同样的地点摔倒两次,只有傻瓜才会第二次跌进同一个池塘。任何人都难免犯错误,不犯错误的人是没有的,聪明的人能够吸取上一次的教训,为防止下一次挫败做好准备;愚蠢的人并不懂得这样做,仍然在犯与第一次相同的错误。

所谓"吃一堑,长一智",我们应该善于从错误中吸取教训,确保下一次不再犯同样的错误,人们不应该两次走进同一条死胡同。

有一次,一个猎人捕获了一只会说100种语言的鸟。

这只鸟说:"放了我,我将告诉你三条忠告。"

猎人回答说:"先告诉我,我保证会放了你。"

鸟说道:"第一条忠告是:做事后不要懊悔。"

"第二条忠告是:如果有人告诉你一件事,你自己认为是不正确的就不要相信。"

"第三条忠告是:当你爬不上去时,别费力去爬。"

讲完这三条忠告之后,鸟对猎人说:"现在你该放了我吧。"猎人依照刚才所说的将鸟放了。

这只鸟飞起后落在一棵高树上,它向猎人大声叫道:"你放了我,你真愚蠢。但你并不知道在我的嘴中有一颗十分珍贵的大珍珠,正是这颗珍珠使我这样聪明。"

这个猎人很想再次捕获这只放飞的鸟,他跑到树跟前并开始爬树。但是当爬到一半的时候,他掉了下来并摔断了双腿。

鸟嘲笑他并向他叫道:"傻瓜!我刚才告诉你的忠告你全忘记了。我告诉你一旦做了一件事情就别后悔,而你却后悔放了我。我告诉你如果有人对你讲你认为是不可能的事,就别相信,但你却相信像我这样一只小鸟的嘴中会有一颗很大的宝贵珍珠。我告诉你如果你爬不上某东西时,就别强迫自己去爬,而你却追赶我并试图爬上这棵大树,还掉下去摔断了你的双腿。"

"这句箴言说的就是你:'对聪明人来说,一次教训比蠢人受一百次鞭挞还要深刻。'"

第四章
改变你的思维方式,变通是成功的试金石

说完鸟就飞走了。

这则故事的寓义可谓深刻至极。同样,无论是在生活中还是在工作中,我们经常听到别人的忠告,有时自己也会对别人提出忠告。忠告一般都是从经验教训中总结出来的,目的就是为了避免下一次的错误。因此,我们应该从自己成功与失败的经历中得出经验教训,然后根据实际情况灵活运用,避免犯同样的错误。

卡恩的档案柜中有一个私人档案夹,标示着"我所做过的蠢事"。夹中插着一些他做过的傻事的文字记录。

每次卡恩拿出那个"愚事录"的档案,重看一遍他对自己的批评,这样可以帮助他处理最难处理的问题——管理他自己。

下面是一则关于一位深谙自我管理艺术的人物豪威尔的故事,他是美国财经界的领袖,曾担任美国商业信托银行董事长,还兼任几家大公司的董事。他受的正规教育有限,在一个乡下小店当过店员,后来当过美国钢铁公司信用部经理,并一直朝更大的权力地位迈进。

豪威尔先生讲述他克服危机的秘诀时说:"几年来我一直有个记事本,记录一天中有哪些约会。家人从不指望我周末晚上会在家,因为他们知道,我常把周末晚上留作自我省察,评估我在这一周中的工作表现。晚餐后,我独自一人打开记事本,回顾一周来所有的面谈、讨论及会议过程。我自问:'我当时做错了什么?''有什么是正确的?我还能做些什么来改进自己的工作表现','我能从这次经验中吸取什么教训'?这种每周检讨有时弄得我很不开心,有时我几乎不敢相信自己的莽撞。当然,年事渐长,这种情况倒是越来越少,我一直保持这种自我分析的习惯,它对我的帮助非常大。"

豪威尔的做法值得我们每一个人借鉴,睿智的人知道,不吸取教训,不改正错误,是成不了大业的。

一般人常因他人的批评而愤怒,有智慧的人却想办法从中学习。诗人

☑ 适应力——你可以不怕改变

惠特曼曾说:"你以为只能向喜欢你、仰慕你、赞同你的人学习吗?从反对你的人、批评你的人那儿,不是可以得到更多的教训吗?"

与其等待敌人来攻击我们或我们的工作,倒不如自己动手。我们可以是自己最严苛的批评家。在别人抓到我们的弱点之前,我们应该自己认清并克服这些弱点,及时完善自己虽然不能保证百战百胜,但至少可以避免敌人用同样的手法轻易地击败自己。

9.我们需要注意细节

上帝存在于细节中,关注细节,就可以做自己的上帝,就可以摆脱平凡走向卓越。

一个墨点足可将白纸玷污,自身一个小小的细节亦可能招致别人的厌恶。不要忽视细枝末节的危害性和杀伤力。俗话说,事无巨细,小事情包含着大智慧,把握细节,成功与你有约。天才就是注重细节的人,这是他们与凡人的最大区别。

世界上最难懂的一个道理就是,最伟大的生命往往是由最微小的事物点点滴滴汇集而成。我们中的绝大多数人很少能有机会遇到那种重大的转折,生活的溪流往往是由这些琐屑的事情、无足轻重的事件以及那些过后不留一丝痕迹的细微经验渐渐汇集成的,也正是它们才构成了生命的全部内涵。

从真实的细节做起

一艘小船颠覆了,却使华盛顿因此而生在了美国;一个矿工在挖井的偶然事故中发现了赫库兰尼姆古城遗址;航海、冒险中的一次大错竟然发现了马德拉群岛。

许多人认为,伟人就是只做惊天动地的大事情的人,他们即使失败时

第四章
改变你的思维方式,变通是成功的试金石

也倒在轰轰烈烈的错误面前。

那些对自己的本性毫无认识,永远不屑于做细微之事的人,永远成就不了任何大的功业。

要想不流于平庸,更应学会在细节处下工夫。

有时候,公司老板或业务员要出差,便会安排员工去买车票,这看似很简单的一件事,却可以反映出不同的人对工作的不同态度及其工作能力,也可以大概推测出今后的前途。

有这样两位秘书,一位将车票买来,就那么一大把地交上去,杂乱无章,易丢失,不易查清时刻;另一位却将车票装进一个大信封,并且,在信封上写明列车车次、号位及启程、到达时刻。后一位秘书是个细心人,虽然她只是注意了几个细节处,只在信封上多写了几个字,却使人省事不少。按照命令去买车票,这只是"一个平常人"的工作,但是一个会工作的人,一定会想到该怎么做,要怎么做,才会令人更满意、更方便。这就是用心,注意细节的问题了。

工作上的细节不容忽视,注意细节所做出来的工作一定能抓住人心。即便在当时无法引起别人注意,但久而久之,这种工作态度形成习惯后,一定会给你带来巨大的收益。会成为大人物的人,即使要他去收发室做整理信件的工作,他的做法也会跟别人有所不同。这种注重细微环节的态度,是使自己的前途得以发展的保证。

一部名为《细节》的小说,其题记为:"大事留给上帝去抓吧,我们只能注意细节。"作者还借小说主人公的话做了脚注:"这世界上所有伟大的壮举都不如生活在一个真实的细节里来得有意义。"

留心细节,不断积累,你终究会成就大事!

灵感来自细节

17世纪法国著名数学家和哲学家笛卡尔,在很长一段时间内,都在思

适应力——你可以不怕改变

考这样一个有趣的问题：几何图形是形象的，代数方程是抽象的，能不能将这两门数学统一起来，用几何图形来表示代数方程，用代数方程来解决几何问题呢？

果真如此，既可以避免几何学的过分注重证明的方法、技巧，不利于提高想象力；也可以避免代数学过分受法则和公式的束缚，影响思维的灵活性。二者的有机结合，将使几何图形的"点、线、面"同代数方程的"数"联系起来。

为了能够尽快地解决这一问题，他日思夜想，"为伊消得人憔悴"。

有一天早晨，笛卡尔睁开眼发现一只苍蝇正在天花板上爬动，他躺在床上耐心地看着，忽然头脑中冒出这样一个念头：这只来回爬动的苍蝇不正是一个移动的"点"吗？这墙和天花板不就是"面"，墙和天花板的连接的角不就是"线"吗？苍蝇这"点"距"线"和"面"的距离显然是可以计算出来的。

笛卡尔想到这里，情不自禁一跃而起，找来笔纸，迅速画出三条相互垂直的线，用它表示两堵墙与天花板相连接的角，又画了一个点表示来回移动的苍蝇，然后用X和Y分别代表苍蝇到两堵墙之间的距离，用Z来代表苍蝇到天花板的距离。

后来笛卡尔对自己设计的这张形象直观的"图"进行反复思考研究，终于形成这样的认识：只要在图上找到任何一点，都可以用一组数据来表示它与另外那三条数轴的数量关系。同时，只要有了任何一组像以上这样的三个数据，也都可以在空间上找到一个点。这样，数和形之间便稳定地建立了一种对应关系。

于是，数学领域中的一个重要分支——解析几何学，在此基础上创立了。他的这套数学理论体系，引发了数学史上的一场深刻革命，有效地解决了生产和科学技术上的许多难题，并为微积分的创立奠定了坚实的基础。

通过天花板上爬动的苍蝇这种常见现象，竟触动笛卡尔产生了创建解析几何的灵感，为整个人类做出了杰出贡献。我们通过这一事例，可将利用灵感思维应具备的条件归纳如下：

第四章
改变你的思维方式,变通是成功的试金石

1)需要有进行创新思考的课题。

思考总是从有问题需要解决开始。"饱食终日,无所用心"的人,满脑子不装事,没有一丝牵挂,灵感自然无从产生。强烈的好奇心和旺盛的求知欲,是灵感的"种子",不先播下这些"种子",又何谈收获"灵感之果"?假如笛卡尔没有将几何与代数相结合的想法,又怎么可能望着天花板上的苍蝇就能产生灵感呢?

2)要有丰富的经验和渊博的知识。

光有种子是不够的,要想让种子生根、发芽、开花、结果离不开一片沃土,而经验和知识就是那"一片沃土"。这也是产生灵感的基础,它们与获得灵感的可能性成正比。

3)对问题要有较长时间的反复思考。

"不思而至",是灵感出现时带给人们的一种误解。实际上,没有一定时间的反复思考作前提,灵感是不会光顾的。灵感是辛勤劳动的结晶。俄国著名作曲家柴可夫斯基曾这样评价:"灵感是这样一位客人,它不爱拜访懒惰者"。"没有一番寒彻骨,哪得梅花扑鼻香",说的也是这个道理。德国著名哲学家黑格尔曾十分风趣地嘲讽过那些企图不经过艰苦思索就能获得灵感的人:"诗人马特尔坐在地窟里面对着六千瓶香槟酒,可就是产生不出诗的灵感来……最大的天才,尽管朝朝暮暮躺在青草地上让微风吹来,眼望天空……温柔的灵感也不会光顾他。"

灵感是一位高傲而奇怪的客人。你缺乏诚意又没做好准备工作,即使你三请四请,它也不会赏光。反之,它则会屈驾不请自来。

4)要有解决问题的强烈欲望。

对所思考的问题,想要解决它的欲望越迫切,越有激情,显思维与潜思维积极进行各种试探的推动力就越大。问题的久悬不决甚至会使思考者坐立不安,食不甘味。这样在很大程度上促使显思维全力以赴,同时也给潜思维连下了"十二道金牌",敦促其加紧活动,早日完成奉献灵感的任务。笛卡尔上述灵感的出现,与他"有很长时间总是在思考那个问题"是分不开的。

5)紧张之后进入身心放松状态。

✓ 适应力——你可以不怕改变

经过一定时间的紧张思考之后,中断思考去干别的事情,特别是轻松愉快的活动,从而使显思维"休息",这样有助于潜思维发挥其作用。如同绷紧了弦的弓箭,只有松一下,才能使箭头更有力地射向目标。

6)要有及时抓住瞬时的灵感。

灵感的到来是有感而发的,是对生活中常见之物的一种感悟,是瞬时之间产生的,所以要随时准备好纸和笔将它们记录下来,以防事后"怎么也想不起来"。

10.多吸收别人的成功经验,来指导自己的奋斗历程

一般情况下,人们看到成功者的辉煌成就会有两个反应,一个是羡慕得流口水,另一个是从成功者的经历中不断总结对自己有用的东西,并且以此指导自己未来的奋斗历程。前者这一辈子有可能只剩下羡慕,其他一无所有,而后者后来大多都成了前者羡慕的对象。这就是差距。

成功者就像一根擎天大柱,展现出一个人孜孜不倦的奋发追求和充满传奇的奋斗历程,他给了后来者拼搏进取的动力。在成功者面前我们似乎是渺小的,但只要我们不断向他靠拢,就会发现自己在慢慢进步、成熟。

当我们接近成功者时,我们可以从他们身上学习到某种自己身上不曾具备的素质,或者说和成功者在一起会被他潜移默化地感染。

一个人要接近成功者不单单是多和他接触这么简单,这里有三种方法可以让我们更清楚该如何去做:

第一,如果你为成功者工作,很可能学到他的成功途径。

第二,当你有了初步的成功之后,你要寻找更成功者的足迹才会继续成功。

第三,当你越来越成功或者说你想要最大限度的成功,你最终应该找

第四章
改变你的思维方式,变通是成功的试金石

那些成功者为你工作。方法如是但具体操作还是要发挥我们的领悟能力和聪明才智才可以。

成功最重要的秘诀就是要用已经证明有效的成功方法去执行。我们必须向成功者学习,了解成功者的思维模式,像成功者那样思考问题、解决问题才能创造出成功:当你忧虑的时候,你应该想想一个成功者会对此表示忧虑吗?一个你认识的成功者会为了这种事扰乱心绪吗;当你有一个看起来很不错的想法的时候,也应该考虑一下成功者有了这种想法会怎么做;当你说话或者议论别人的时候,思量一下成功者会以这种方式说话和议论别人吗;当你对待工作满不在乎、存在消极情绪的时候,你就更应该以成功者的头脑来问问自己应不应该这样描述和对待工作。

升级你的思考,升级你的行动在心中牢记一个观念——"假如我是成功者会怎样思考?"经常问类似这样的问题,会使你真正的处在成功的位置上。

学习成功者最重要的就是学习他们的"精气神",而不要只是学习形态,要懂得用心去复制别人的成功。这样做会比你想像中的成功时间可能要少许多。若是不得复制、模仿的要领,还不如不学、自己摸索来得快。

那么具体来讲,究竟该如何学习成功人士呢?我们总结了几点,可以供你参考:

其一是学习的目的要明确。

如果你打算学习某位成功的企业家,而这位企业家的活动空间同你的意念不发生冲突时,那么他或许会把他获之不易的经营手法与你分享。你可以亦步亦趋地照他的方式去做,也可根据自己的目的,只把他的方案当做样板来参考。如果对方知道你在使用他的设计方案而乐于帮助你,你的感觉会更佳,学习的效果也会更佳。这时你可以通过同他交流,掌握更多的细节。你可以向他询问有针对性的问题,征求具体的建议等等。

其二是不要盲目照搬。

某些因素对某些仿效对象有用,却未必对所有人都适用。因此,学习应该掌握一般性原则,不要把每个具体细节都不加选择地照搬。例如,有的同学看了许多成功励志方面的书籍,他们往往喜欢极力模仿那些成功人士,

适应力——你可以不怕改变

人家怎么干,他也怎么干,最后还是一无所获。学习别人对你有用的东西才是明智的做法,如果照搬同自己气质不协调的东西,那么就是东施效颦了。

第三要有所创新与发展。

在学习的过程中,你不但要从仿效的原型中尽可能汲取更多的东西,把这些当做基础,并且还要加上自己的改进设想。即使你的学习对象能提供十分完善的方案,你还是要设法加上自己的创新。当你感到由于加进了创新以后,新方案比原方案有了进步时,你不妨邀请仿效对象或者有关专家来评价一下,从而获得裨益。

另外,还要联系与交流。

为找到一个恰当的仿效对象,你可能要花很多的工夫。你必须随处留意同自己想法一致并获得卓越成就的经营明星,及时追踪在社交场合中得到的有关信息。如果你偶然听到有人讲起富有创业精神的张小姐打算在某个时装及装饰品展销会上展销新款首饰,不要放弃这一时机,也不必担心别人认为你是在窥探商业秘密,你要尽可能多地了解一些有关的信息。例如,张小姐是如何做到这一步的?她的生意做得是不是像大家所认为的那么成功?在这次展销会上别人可否展销商品?你要对所得的信息提出疑问,可以的话,不妨直接询问当事人。如果她确定像传说的那样生意兴隆,财源广进,那么她应该深知交流信息以及建立人际网络的价值,对于你的虚心求教,她也就不会置之不理。

财运亨通的小本经营者为数不多,你应该设法了解他们正在做些什么而你没有做,他们有些什么有利条件而你没有。你肯定也想弄清楚你的学习对象是否确实值得你钦佩。某些小公司的老板是靠自身努力而拓展业务的,但是也有些人的产品之所以畅销,主要是因为此人的配偶是商界名人,广有门路。你一定要先把这些不同的情况了解得一清二楚,即要清楚哪些企业家是纯粹靠自身发家的,然后设法找到与其联系交流的途径,通过熟人介绍或自己找上门去。你的仿效对象如果确实是那种用自己力量创业的成功者,那么对于你的发展肯定会有所帮助。

第五章

改变你的工作态度，
天堂和地狱就在一念之间

工作体现了我们面对人生的态度，决定着我们快乐与否。如果你视工作为一种乐趣，人生就是天堂；如果你视工作为一种负担，人生就是地狱。事实上，天堂还是地狱就在你的一念之间，何去何从都由自己决定。

✓ 适应力——你可以不怕改变

1.工作若缺乏激情,任何事业都不可能成功

工作是什么?工作是一种生活的方式。人生目标贯穿于整个生命,我们在工作中所持的态度,决定了我们的生活方式是积极还是消极,这将使我们与周围的人区别开来。

例如,在很多人看来,销售工作无疑是最辛苦的职业之一。每天都在开发新客户,维护老客户,不停地奔走在市场中,任务指标、业绩压力让人身心俱疲。所以他们不愿意做市场销售工作,或抱有消极的态度。

但在另外的一些人看来却恰恰相反,他们认为销售是管理者的"黄埔军校",很多高管都是由一线销售打拼出来的。因为必须在实践中学习,积累经验,才能洞悉与把握市场规律,即使没有这个机会也应该努力创造。在他们眼中,每一天都是崭新的,都有新的机遇。

NTL公司的总裁伯特·威尔兹曾经说过这样一句意味深长的话:"在公司里,员工与员工之间在竞争智慧和能力的同时,也在竞争态度。一个人的态度直接决定了他的行为,决定了他对待工作是尽心尽力还是敷衍了事,是安于现状还是积极进取。"

不同的态度有不同的成就,两者高下立判。

一个人工作的质量决定着他生活的质量。当我们全力以赴地投入工作,从中获得成就感时,会让我们充满自信和骄傲;当我们做好一件工作之后,陪伴家人度过一个宁静的夜晚,或利用周末悠闲度假,与朋友纵情把酒言欢;或沉醉在自己美好的世界里……这些生活的享受和满足都是工作带给我们最好的回报。

有一位心理学家曾经做过这样一个实验:他把10名学生分成两个小组:第一组的学生从事他们感兴趣的工作,第二组的学生从事他们不感兴

第五章
改变你的工作态度,天堂和地狱就在一念之间

趣的工作。经过一段时间,出现了这样的情形:第二组学生开始出现精力不集中的现象,他们抱怨头晕,感到腰酸背痛;而第一组学生却兴致勃勃,投入极了。

这个实验表明:人们疲倦往往不是工作本身造成的,而是因为对自己所从事的工作没有激情,产生了应付、无趣和焦躁的感觉。这会使人觉得工作是一种负担,失去了活力与干劲。

西点军校的大卫·格里森将军这样说:"想获得这个世界上最大的奖赏,你必须拥有献身的热情,以此来发展与展示自己的才华。"激情是人生最重要的财富之一。当我们调动了身体里蓄势待发的力量,就能够信心百倍地完成工作,做好我们应该做的事。

一个职场新人,虽然他的专业知识和经验不多,但如果有激情,那么,比起那些虽然有更多的积累,但不思进取、凡事敷衍的"老油条"型员工来,他的工作表现肯定要好得多。

哲学家黑格尔说过:"离开激情,任何事业都不可能完成。"将心注入,燃起工作激情,这是工作优秀与事业成功的第一步。因为只有这样,才会想方设法,排除万难,完成任务。

比尔·盖茨曾对朋友说道:"每天早晨醒来,一想到所从事的工作和所开发的技术将会给人类生活带来的巨大影响和变化,我就会无比兴奋和激动。"这句话是他对工作激情的阐释。在他看来,一个优秀的员工,最重要的素质就是对工作的热情,这种理念已成为微软文化的核心。

微软招聘员工时,有一个很重要的标准:被录用的人首先应是一个非常有激情的人,对公司有激情,对技术有激情,对工作有激情。

微软的一位人力资源主管说出了其中的原因:"我们不能把工作看成是几张钞票的事,它是人生的一种乐趣、尊严和责任,只有对工作拥有激情的人才会明白其中的意义。"

微软的员工都非常渴望参加一些全球性的公司内部会议,这些会议对

适应力——你可以不怕改变

新员工尤其具有强大的震撼力。成千上万的人聚在一起交流,每个人的脸上都洋溢着对技术近乎痴迷的狂热和对客户发自内心的热情。这样的会议通常是在大家的欢呼,甚至是眼含热泪的情况下结束的。如果这些场景能够激起你同样的情感,你就能够自然而然地融入其中。

一位微软人说:"没有这种热情,你在和客户交流的时候就很难说服他们。这种热情来自于某种内在的东西,在微软工作,激情与聪明同等重要。"

心理学家亚伯拉罕·马斯洛的一项研究表明,在工作中能够充分发挥自己的能力,效率高、深受信赖的职场成功人士都有一个共同点:那就是他们对自己所从事的工作有一种激情与热爱。

激情意味着工作认真、负责、富于创意。著名企业家马云说过:"成功者至少需要兼备两种品质,一是大胆执着的性格;二是对市场的敏锐嗅觉。"职场的佼佼者无一不对自己的事业执着热爱,全身心投入。

有人用"外圆内方"来形容复星集团董事长兼首席执行官郭广昌。他永远保持着那种随时可以调动起来的激情。激情让他不断克服难关,找到新的机会,而理性让他拥有正确的方向。

郭广昌有一句被反复引用的话:"商人必须理性和激情兼具。"他解释说:商人必须是理性的,因为他面对的是一个真实的金钱关系的博弈。但是商人和艺术家其实是一样的,也必须具有天赋和激情。不是编一个计算机程序,就能造出一个艺术家,同样,企业家也不可能按同类模式产生。

他非常注重员工在工作中是否有激情,为此,一次公司晨会结束时,他曾声色俱厉地对下属们说:"我对今天的会很不满意,你们发言时没有一点激情,拿着稿子照本宣科……"

他对激情有着独到的诠释:"商人的天赋就在于他能不能敏感地体会到市场中的机会。而激情对于企业家同样重要,只有具备了激情,才能克服一个又一个的困难。就像打仗一样,一个个小的胜利,才能最终变成一个大胜利。只有具备了这样的激情,才可能具备为一个宏大目标而奋斗的耐心。"

第五章
改变你的工作态度,天堂和地狱就在一念之间

三个石匠在雕塑石像,有个人路过,就问他们:"你们在做什么呢?"第一个人疲惫地回答:"凿石头啊,从早忙到晚,累啊!凿完这块我终于可以回家了。"这种人把工作看作是一种苦役,"累"是他们的口头禅。

第二个人抬头看了看,叹口气说:"我正在做雕像。没办法,谁让我有妻子有孩子,他们需要吃饭啊。这活儿我不喜欢,但它酬劳很高。"这种人把工作看作是一种手段,"养家糊口"是他们工作的全部目的。

第三个人却骄傲地指着石像:"你看!我正在完成一件伟大的事业,一件完美的艺术品马上诞生!"这种人以工作为荣,以工作为乐,"这个工作很有意义"是他们对工作的赞美,也是对自己的肯定。

如果我们赋予它意义,不论工作大小,都会使我们感到快乐,并从中收获;如果我们只是把它当成一件不得不做的差事,任何简单的工作也会变得困难、无趣,让我们倍感怠惰,精疲力竭。

工作态度的不同,带来的人生结局也许就会完全不同。

新东方总裁俞敏洪在他的一次演讲中曾经提到这样一个故事:

有一个大学毕业生刚来到新东方时,只找到了一份帮助学生收发耳机的工作,但是他选择了积极的工作态度。在工作时,他一边帮助学生收发耳机,一边认真听每一位老师上课。两年后,他的英语已经达到了很高的水平。同时,由于他听了很多老师的课,不知不觉地,他也掌握了许多教学技巧。

有一天,他跑去找俞敏洪,说他想当老师。当时,俞敏洪感到很吃惊:"一个负责收发耳机的人怎么有能力当老师呢?"但是,他决定给这个年青人一个机会。当他试讲之后,大家才发现他的讲课水平已经很高了。

于是他成了新东方的名牌老师,后来又担任了一家分校的校长。面对一开始看似不起眼的工作,他没有放弃,而是选择了成长,生命从此与众不同。

俞敏洪由此感叹:"我们的生命中充满了选择,选择不仅和心情相关,也和命运相关。但凡选择积极的、努力的、向上的生活和工作方式,命运就

适应力——你可以不怕改变

一定会越来越好;但凡选择消极的、被动的、懒散的生活和工作方式,命运就一定会越来越糟。我们选择什么样的生活和工作方式,决定权在自己,但现在的选择决定了我们的未来。"

工作是什么?工作是我们实现自我价值的舞台。雁过留影,人过留痕。一个人,他的生命目标就应该是自我的完全展示。从这个意义上来说,工作不仅仅是一个人谋生的本领,更是一个人生命意义的体现。

李·艾科卡是美国汽车业历史上的著名传奇人物。他在大学时是学工科的,毕业后进入福特汽车公司工作,从见习工程师做起。因为他喜欢和人打交道,后来便从事汽车销售。在这一领域,他充分发挥了自己的经商天分。经过自己的努力,他以独特的市场眼光与销售方法使福特成为全球名列前茅的汽车霸主。1970年,李·艾科卡成为福特汽车公司总裁。在他任总裁的8年时间里,福特公司净赚35亿美元的利润。但由于与亨利·福特不合,后来他被解雇了。

在离开福特的同一年里,他担任了美国第三大汽车公司——克莱斯勒汽车公司的总裁。当时,克莱斯勒公司正处在一年亏损数亿美元的危难时期,李·艾科卡受命挽救残局。他力挽狂澜,带领濒危的克莱斯勒汽车公司从谷底崛起,并在其他汽车公司盈利下降的情况下,创造了高额的利润,写下美国汽车史上的传奇。

1984年4月,美国《时代》周刊的封面上刊登了他的肖像,通栏大标题是:"他说一句话,全美国都洗耳恭听!"

李·艾科卡用努力工作造就了自己人生的辉煌,并且为更多的人带来了工作机会,实现了自我与社会的双重价值。

人生最有意义的事就是工作。人的本质决定了我们必须在社会中生活和工作,并通过工作实现自我,同时为组织、为社会、为他人创造价值。

在工作中,我们可以将自己最擅长的能力发挥出来,应用到孜孜以求

第五章
改变你的工作态度,天堂和地狱就在一念之间

的事业上。我们也许都深有体会:解决完工作难题是我们最开心的时刻;得到肯定和赞扬是我们最欣慰的时刻;获得胜利果实是我们最骄傲的时刻;拥有事业成就是我们最幸福的时刻……所有的这些乐趣和喜悦都是在努力工作中获得的。

2.减少抱怨,努力改变

要想在工作上取得突破抱怨是没有用的,而是要求我们要先去想如何改变,才能做到更好。这就需要一种积极思维,一种阳光的心态,一种向上的工作理念。

积极思维就是要求我们在工作中处理任何事情都首先从积极、主动、乐观的角度出发,去思考和行动,促使事物朝有利于工作完成的方向发展。戴尔说:"我喜欢热情、爱不断学习、对工作充满兴趣、善于自我挑战的人。"常持消极思维的人,不能承担责任,老板自然不会委以重任。

小张被派去操作一个项目——改善某企业的人力资源管理工作。一两个月后他回来了,看上去特别沮丧。他跟上司抱怨了一个多小时,说这个企业太糟糕了,管理太差劲了,制度也非常不公平。

上司听完后笑了笑说,"你知不知道,你得出的那些结论,他们的员工在以前早就抱怨过了。这个公司在人力资源管理上确实很有问题,你和他们的员工一样,都是对的。但我之所以让你去,是要你提出用什么办法来解决这些问题。其实所有人都是聪明人,都能够看出问题,都能很容易就否定一件事情。但是我要你做什么?不是做聪明人,而是做能改变这一切的人。"

后来,小张成长为一名优秀的咨询顾问,他总结说:"那一次,我懂得了一个非常重要的道理,就是不要抱怨,而要改变。"

适应力——你可以不怕改变

事实上,不论在什么时候,我们都需要保持积极的思维、乐观的心态,以这样的工作状态去面对困难和压力。那么,解决困难的办法往往就会从我们的潜能中被挖掘出来,问题也会迎刃而解。

小李是某企业的一名行政管理人员。他会经常向人抱怨他的老板,说老板又给他布置了很多任务,而他认为这些任务根本没有意义;说这个老板真不会办事情,跟客户谈话都不知道怎么谈,这样的老板根本不值得为他工作;说老板太苛刻,总是把他的时间安排得满满的……

开始时还有人帮小李出主意,给他忠告:作为下属改变不了你的老板,就要改变你自己;不能希望一个资历、地位、收入都比你强的人因为你的抱怨而改变;还是多想想自己的问题,多找找自己的不足,自己改变了,才能改变别人和环境……

但他并未领悟到这些,依然故我地不停抱怨着,他被视为企业中消极因素的"播种机"。终于有一天,他被辞退了。

"不是抱怨,而是改变"还有一层意思就是:在很多时候要改变自己,而不是改变别人。既然不能改变环境,就要从自己身上找办法。使自己拥有积极思维,直面问题,否则只能自享苦果。

具体来说,分为三个步骤。

首先,我们要学会提建议。

1889年,柯达的创始人乔治·伊斯曼收到一份普通工人的建议书,该建议书呼吁部门要将玻璃窗擦干净。这虽然是一件小到不能再小的事情,伊斯曼却看出了其中的意义所在,他认为这是员工积极性的表现,立即公开表彰、发给奖金,从此建立起一个"柯达建议制度"。

如今,在柯达公司的走廊里,每个员工随手都能取到建议表,丢入任何一个信箱,都能送到专职的"建议秘书"手中,专职秘书负责及时将建议送到有关部门审议、作出评价;建议者随时可以直接打电话询问建议的下落;

第五章
改变你的工作态度,天堂和地狱就在一念之间

公司设有专门委员会,负责审核、批准、发奖。对不采纳的建议,也要以口头或书面的方式提出理由。迄今,该公司员工提出的建议已达上百万个,其中有三分之一以上被公司采纳。柯达的成功经验,立刻成为其他各大企业纷纷效仿的对象。

其次,光提建议还不够,还要有解决的方案。

提建议,只是迈出了主动的第一步。比尔·盖茨说:"思考还要与实践相结合。"我们再来看看工厂的小工是如何帮助自己的老板解决了一个大难题的:

故事发生在美国鞋业大王罗宾·维勒的工厂里。当时,罗宾的事业刚刚起步。为了在短时期内取得最好的效果,他组织了一个研究班子,制作了几种款式新颖的鞋子投放市场。结果订单纷至沓来,以致工厂生产忙不过来。

为了解决这个问题,工厂设法招聘了一批生产鞋子的技工,但还是远远不能解决工厂生产忙不过来的问题。如果鞋子不能如期生产出来,工厂就不得不给客户一大笔钱作为赔偿。于是,罗宾召集大家开会研究对策。主管们想了很多办法,但都行不通。这时候,一位年轻的小工举手要求发言。

"我认为,我们的根本问题不是要找更多的技工,其实不用这些技工也能解决问题。"

"为什么?"

"因为真正的问题是提高生产量,增加技工只是手段之一。"大多数人觉得他的话不着边际,但罗宾却很重视,鼓励他讲下去。

他怯生生地提出:"我们可以用机器来做鞋。"

这在当时可是从来没有过的事,立即引起大家的哄堂大笑:"孩子,用什么机器做鞋呀,你能制作出这样的机器吗?"

小工面红耳赤地坐下了,但他的话却触动了罗宾。罗宾说:"这位小兄弟指出了我们的思想盲区。我们一直认为问题是应该招更多的技工,但这位小兄弟却让我们明白——真正的问题是提高效率。尽管他不会制造机器,但他的思路很重要。因此,我要奖励他500美元。"

适应力——你可以不怕改变

于是,罗宾根据小工提出的思路,立即组织专家研究生产鞋子的机器。4个月后,机器生产出来了。从此,世界进入了机器生产鞋子的时代,罗宾也由此成为美国著名的鞋业大王。

要提建议,但是更要带着解决的方案去找老板,不管老板最终有没有采纳,如果你只是一味地提出建议而无任何方案,你就只是行使了员工的权利,却没有做到员工应尽的义务。

再次,要论证你的方案可行性。

中国"打工皇帝"唐骏当年还是微软公司的小程序员时,发现了Windows在多语言开发模式上的错误,他同时注意到,其实当时有很多人都发现了这个问题,甚至有不少人向经理提交了自己的书面解决方案。后来,唐骏才知道这些方案共有80多份。

唐骏曾经做过公司的老板,知道老板管只会提建议的人叫"挑刺的人",这类人往往会让老板讨厌。而那些提出问题又能提出解决方案的人,老板会有好感,却也不会重用。

为什么?

道理很简单,你的办法是否可行?你有没有合理的论点和数据来论证出方案的可行性?嘴巴上说说我们都会,老板最信任的是,除了做到前面两点,还能论证出方案可行性的人。

这个亲身体会和总结,成为唐骏后来在微软职场上的生存法宝。

"与微软的其他员工相比,我在技术方面是最差的。我若在技术上与他们竞争,过许多年我也不过是个普普通通的员工,顶多当个高级工程师。因此,我的思路是避开同他们在技术方面的正面竞争,走差异化的竞争路线。我只有找到自己的核心竞争力所在,并把它发挥到极致,才有可能从上万人中脱颖而出。"唐骏当时是这么思考这个问题的。

既然仅提交书面方案效果甚微,唐骏就开始发挥自己的勤奋特长,他利用晚上和周末的时间将自己的开发模式进行实验论证,并得到了完全可行的结果。然后,唐骏写了一份书面报告,不仅提出问题也解决了问题,将自己编的程序都写进了报告中。

"Jun,你不是第一个提出这个问题的人,也不是第一个带来解决方案的人,但你是唯一一个对解决方案找到论证办法的人。"唐骏的直属上司这样评价他。

唐骏说:"一个好员工,要提出意见,还要有解决方案,并且努力证明自己的方案可行,才会得到老板的重视和信任。"的确,他就是通过坚持走差异化竞争路线,最终获得了很多人都没想到的成功。

3.换位思考,真诚地感激你的老板

成功守则中最伟大的一条定律——待人如待己,也就是凡事为他人着想,站在他人的立场上思考问题。作为雇员的我们,应该多考虑老板的难处,多给予老板一些理解和支持。

国内有一家工厂,为了进一步加强工厂的凝聚力,培养员工的主人翁意识和责任感,实行了一项独特的管理制度,即让员工轮流当厂长管理厂务。

工厂每逢星期三就由一名基层员工轮流当一天厂长,负责管理工厂的业务。"一日厂长"上午9点上班,听取各部门主管的简单汇报,对整个工厂的经营情况有个全盘的了解,然后陪同厂长到各部门、车间去巡视工作情况。这样做,不仅可以让一日厂长熟悉其他部门、车间的业务,还可以开拓他的视野,了解工厂、车间之间相互协调的关系,以便更好地加强合作。

一日厂长可以对企业管理提出自己的看法,也可以对企业提出批评意见,并详细地记载在工作日记上,让各部门相互传阅。各部门有则改之、无则加勉。改进工作的部门要在干部会议中提出改进工作的成果报告,只有当干部会议认可后才算结束。

适应力——你可以不怕改变

一日厂长有处理公文的权力,对各部门、车间主管送来的公文,他按自己的意见批示后,交送厂长酌定。一日厂长制经过一年多的实践,该厂的员工有40多人当过厂长,并节省了成本200万元,收到了显著的实效。工厂把这部分钱作为奖金发给全体员工,又一次增强了大家精诚合作的向心力,令同行羡慕不已。

"一日厂长制"提高了员工的主人翁意识和责任心。只有当了厂长,企业兴亡担于一身,才能够从公司发展的角度去审视自己行动的意义,这样才能够更好地定好自己的位,成为公司发展的中坚力量,为发展公司而努力。

首先,我们要看到老板所承担的痛苦和责任。

其实每个老板都是苦出来的,没有谁能随随便便成功。老板的乐趣未见得比普通人多,人们对老板的要求却比普通人高。在工作中,企业老板承受着不为人知的痛苦和责任,有人把他们称为企业的家长、教练、工作的导师,其实更多的,他们是员工事业上的伙伴。他们在为公司工作的同时,也为员工的发展搭建了一个很好的平台。

那么在工作中,老板主要承担了哪些痛苦和责任呢?

第一、风险之痛

企业越大,其经营中所遇到的风险就越大。经营企业是一件风险与收益并存的事情。尤其是当企业发展到一定规模之后,在管理机制和管理职能方面不可避免地会滋生出阻碍企业健康发展的种种潜在危机,这些都为管理和企业带来了很大的风险和挑战。

第二、抉择之痛

老板的角色就好像是一艘船的"船长",时刻要考虑到企业之船的航向。企业做到一定规模,老板自然风光,然而随之而来的却是企业发展方向的抉择,这种思考的痛苦是企业员工所不能理解的。企业到底要不要发展壮大?如果企业需要进一步发展,是自己做还是请职业经理人?自己做,面临着精力和时间上的挑战;请职业经理人,又面临着处理自己与职业经理人间种种矛盾的问题,矛盾发生时,职业经理人拍拍屁股就可以走人,但是

第五章
改变你的工作态度，天堂和地狱就在一念之间

自己还得捡起烂摊子。只要企业存在，企业抉择的问题就时刻萦绕在经营者的心头。

第三、责任之痛

企业老板是一个企业的领航者和组织者，他们要对企业发展战略的制定、各级人员的管理、财务控制等重大环节负责，稍有不慎就会使企业出现重大变故，很多人可能会因此要重新选择岗位，甚至对整个产业都会产生巨大的影响。由此可见，企业老板身上肩负着企业的责任、员工的责任、社会的责任等多重责任，这种责任在为他们带来种种荣耀的同时，也给他们带来了巨大的压力和痛苦。

第四、身体之痛

很多企业老板都以牺牲身体健康为代价来换取事业上的成功。他们不仅工作要动脑，而且还要交际应酬，结果胃喝坏了、身体搞垮了，例如知名企业家王均瑶的去世有很大一部分原因就是过于劳累。

第五、感情之痛

身处老板的位置，付出的比一般人要多很多。应酬繁多，冷落了家人不说，有的人在做了老板以后，由于利益的纷争，亲朋好友也反目成仇，成了孤家寡人。

其次，我们要从老板的立场看问题。

老板的立场就是公司的立场，一个从公司的角度看问题的员工，会自觉调整自己与老板的对立情绪，理解和支持自己的老板，时刻与老板站在同一战线上。

国内一家知名企业的高管曾讲过这样一个故事：主人翁是这家公司在美国分公司的一位员工，是一位美国小伙子。

这个小伙子很强壮，也很有责任心。每次工作的时候，他都会在前一天晚上把货装好，第二天早上5点他就开始送货了。有一次，这个小伙子为公司送货，从圣地亚哥到洛杉矶一圈跑下来，一下子跑了将近1000公里，已经人困马乏。这个时候，他临时知道有个地方又要货，他车上正好有货，他就

✓ 适应力——你可以不怕改变

又转弯多跑了200公里,等到他回公司的时候,整个人坐在那里就瘫掉了,这位高管就问他,你这么累干吗呢?明天再送不就行了吗?

这位小伙子的回答让人很感动,他说正好我离得很近,客人要货也要得急。最后他说了一句口头禅,"It's good for company!"(只要对公司有好处!)

"It's good for company!"(只要对公司有好处!)这句话很简单,听上去并不是什么豪言壮语,却代表了一种可贵的职业精神,即从公司角度而非个人角度来看问题。

"It's good for company!"应当成为我们每个人的工作准则。公司是大家集体的事业,而非个人事业。因此,"只要对公司有好处",不仅仅是老板的立场,也应该是每个员工的立场。在公司中,每个人应当以公司利益为坐标来给自己定位,主动去做公司需要的事。只要对公司好,我们就要努力去做。

我们经常听到公司员工有这样的说法:

我这么辛苦,但收入却和我的付出不成比例,我努力工作还有必要吗?

这又不是我的公司,我这么辛苦是为了什么?

公司推行各式各样管理我们的政策,这表明公司根本就不信任我们。

……

公司与员工时而会有冲突,员工常常感到公司没有给予自己公正的待遇。其实,产生这样的想法是因为你和公司所处的立场和角度不同。公司的老板希望你比现在更努力地工作,更加为公司着想,甚至把公司当成自己的事业来经营。而你站在员工个人的角度来考虑问题,你自认为已经很努力了,工作占用了你大部分的精力和时间,但公司只给了你不相称的待遇。

你可能感慨自己的付出与受到的肯定和获得的报酬并不成比例,但是你必须时刻提醒自己:你是在为自己做事,你的产品就是你自己。

在这里,我们提出的理念是希望员工站在公司的角度思考问题,换个角度,你得出的结论就会不同。如果你是老板,一定会希望员工能和自己一样,将公司当成自己的事业,更加努力、更加勤奋、更加积极主动。现在,当你的老板向你提出这样的要求时,你还会抱怨吗?还会产生刚才的想法吗?

第五章
改变你的工作态度,天堂和地狱就在一念之间

我们没有必要把自己的想法强加给别人,却必须学会从别人的立场来看待问题,这样可以避免很多不必要的冲突。

例如,公司之所以不得不推行各式各样的政策,纯粹是为了防患于未然。站在公司的角度,风险防范的重要性丝毫不亚于业务拓展。经常有员工抱怨公司推行的政策不合理、机制缺乏弹性,然而平心而论,绝大多数员工都只能做到"提出问题",而没有能力"解决问题"。

如果看问题只懂得从个人利益和职务的立场出发,不能从老板者和企业发展的角度上去考虑问题,这样就会导致本位主义和个人主义流行,为公司的发展带来很大的隐患。那些在工作中比较崇尚个人主义、过于看重个人和小团体利益的人,实际上是没有认清自己在公司的位置,在观念和行动上就难免会错位,无法发挥自己应有的作用。

站在老板的立场思考的员工,具有极强的任务意识,而且还具有强烈的使命感,进而使自己变得对于公司、上司不可或缺、无可替代。这样的你不仅自身对于公司更有价值,而且使公司和个人获得双赢,这才是优秀员工应有的表现。

因此,站在公司的立场,我们要经常问自己下列问题:

如果我是老板,我对自己今天所做的工作完全满意吗?

回顾一天的工作,我是否付出了全部的精力和智慧?

我是否完成了企业给自己、自己给自己所设定的目标?

我的言行举止是否有益于企业的利益,是否符合老板的立场?

再次,将心比心,真诚地感谢你的老板。

五年前,同学甲和同学乙是大学同学,毕业后一起到南方发展,通过招聘会到了一家计算机软件公司,负责某种办公软件的设计开发。坦率地说,这个公司规模很小,连老板在内是七八个人临时号召拼凑起来的,属于那种是国家允许注册该类公司中最小的,执照上写得清清楚楚:注册资金10万元。

进去后才知道,连这10万元可能都有水分,只从当时的办公条件就可

适应力——你可以不怕改变

以判断：一间废弃的地下室，阴暗、霉臭、潮湿，天一下雨，天花板上凝聚而成的水滴便会源源不断地往下流，电脑上都要罩着厚厚的报纸。甚至连个厕所也没有。

尽管环境如此恶劣，值得欣慰的是，他们的产品市场前景看起来很好，但资金的瓶颈随时可能将美好的梦想扼杀于萌芽状态。最要命的是，产品没有品牌，只好赊销，迟迟收不回货款，资金储备少，公司连员工的工资都无法按时发放。由此可见，这样的公司与那些实力雄厚的大公司很难竞争。三个月后，同学乙动摇了，劝同学甲也不要做了，有的是好公司，干嘛在一棵树上吊死？老板连他自己都无法自保，哪里还有股份给你？

公司的老板比他们大不了几岁，看上去完全是一副书生模样，态度很诚恳。看到老板每天没日没夜地奔波和劳碌，几个人又不忍心开口说离开了。谁不知道创业的艰辛，老板也是迫不得已。同学甲过生日的时候，老板在自己的家里为他过，亲自下厨，说了很多抱歉的话，想起这些，其他几个人也就不忍心走了。他们终于咬咬牙决定留下来与老板一起创业。几年后，经过无数次市场风雨的打磨，他们公司的产品终于在市场上打开了销路，获得了成功。

公司不仅给我们提供舞台，还为我们提供展示能力、锻炼能力和发挥潜能的机遇，让我们实现职业理想和人生抱负。员工理应为此感恩。具备感恩之心与敬业精神的员工，便会敬业工作，赢得老板器重，从而形成一个良性循环。

其实有时候，只要我们换种思维，将对老板的抱怨换为对老板的理解，自然会全力以赴去完成老板交付的每一个任务。

王晓到宝洁公司应聘部门经理，公司总经理告诉他要试用三个月，然后就把他安排到商店做普通的销售员。起初王晓很不理解，自己有很好的学历背景，又有一定的工作经验，总经理凭什么让自己从基层干起呢？但随即王晓又转换了想法，他从老板的角度考虑，如果自己一上来就被安排在

第五章
改变你的工作态度，天堂和地狱就在一念之间

管理者的位置，在不了解公司的情况下，很有可能就担不了大任。这对老板来说，可能就是更大的损失了。

于是，王晓安下心来从最简单、最基本的工作做起，全面了解公司，熟悉各种业务，他在销售员岗位做得很出色，取得了不小的业绩。三个月试用期满，总经理将他叫到办公室，通知他已经通过了公司对他的考验，可以正式就任部门经理了。

在王晓出任部门经理的半年中，他带领部门积极配合总经理的工作，紧跟公司的发展策略，取得了辉煌的业绩，为公司的发展作出了巨大贡献，深得总经理青睐。一年之后，总经理调回本部，临走时他推荐王晓出任总经理一职。

作为公司的员工，从你一开始进入公司那一天起，就需要同王晓一样，与老板换位思考，试着理解公司和老板。这样，更有利于我们站在老板的角度考虑问题，进而理解老板的工作方法与处理问题的方式。

当你试着待人如己，多替老板着想时，你的善意就会无形之中传达出来，从而感动和影响包括你的老板在内的周围的每一个人。你将因为这份善意而得到应有的回报。任何成功都是有原因的，不管什么事都能悉心替他人考虑，这将成为你成功的一个重要原因。

我们在一个公司工作，是股东或老板自己出资组建了公司，为我们的发展提供了一个尽情展现自己才华的良好平台。他们还会在工作中帮助我们提升，让我们真真正正成为一个成熟的职业人。从这个意义上说，他们也是我们职场生涯中的导师，给我们时间，帮助我们成长。

将心比心，推己及人，站在老板的立场上去感受和体会，带着一颗"同理心"去工作。挂在嘴边的口头禅将不再是对老板的抱怨，而是对老板的感恩。同时你也会更加勤奋地工作，最终成为老板器重的优秀员工。

适应力——你可以不怕改变

4.只有卑微的心态没有卑微的工作

莎士比亚说:"卑微的工作是用艰苦卓绝的精神忍受的,最低陋的事情往往指向最崇高的目标。"

无论你正在从事什么样的工作,要想获得成功,就不要轻视自己的工作。工作本身没有高低贵贱之分。一个人所做的工作,是他人生态度的表现。一生的事业,就是他志向的体现,理想之所在。没有卑微的工作,只有卑微的人格和卑微的工作态度。

我们做的每一件事,都代表了我们的能力和形象,其成败美丑,都会影响人们对你的看法。对一个成功的人来说,工作就是使命。工作没有高低贵贱之分,在你看来最卑微的工作,也是为你服务的。它之所以存在,是因为人们需要它。

胡桂萍原来是武汉市国棉三厂的一名女工,因为工厂效益不好,在她32岁的时候下岗了。离开工作了多年的工厂,心里像被掏空了一样,每天吃饭睡觉都不是滋味。一天,她上街买菜,看到一个提着木盒子的"擦鞋女",这吸引了她的目光,激发了她的灵感。她算了一下,要是开家专门的擦鞋店,收入倒挺可观。于是她买了擦鞋的用具,租房在武汉市办起了第一家室内擦鞋店。当时,擦鞋价格是2元钱一双,为了吸引顾客,她明码标价5角钱一双,顾客络绎不绝。每天都早早的就开门营业,她和另外4名员工一刻不停歇,一天下来要擦300多双皮鞋,有时忙得连吃饭、喝水的时间都没有。员工下班后,她一个人坚持到晚上9点多钟才拖着早已麻木的双腿、毫无知觉的双手回家。当有了一定积累后,她将小店重新装饰了一番,装上空调、饮水机,换上了体面、统一的椅子和鞋箱,贴上了价格表和服务公约,员工统一着装,礼貌服务,并在门面上挂出了"翰皇擦鞋店"的

第五章
改变你的工作态度,天堂和地狱就在一念之间

招牌。

她说,她是把别人看不起的擦鞋生意做得富丽堂皇。后来,她与人合伙,投资30万元注册了"武汉翰皇一元擦鞋有限公司",自己担任董事长,并欢迎下岗职工加盟,不收加盟费、培训费,只要按"翰皇"的统一模式,规范经营就行。经过几年的飞速发展,翰皇擦鞋公司目前在全国已拥有了600多家连锁分店,全国各地近4000名下岗职工因此走上了再就业之路。她为解决当地的下岗工作带来的问题做出了很大贡献。

是的,补鞋、擦鞋和拣垃圾,看起来似乎都是很卑微的工作,是很低陋的事情。但他们通过努力,同样实现了自己的目标,不只让自己摆脱了困境,还帮助了别人,是所有正在做着"卑微"工作的人们的榜样。对待工作的态度,某种程度上体现了人们的心态,记住这句话吧:工作无贵贱。

工作卑微不代表就低人一等,你通过自己的努力奋斗同样可以获得让人羡慕的成绩。从卑微的小事做起,做别人不愿意做的事情。这不是在说明你的卑微,而是证明了你的伟大。建国时期的时传祥老人是掏粪工,但他却受到了周恩来同志的亲切接见,那幅握手的画面至今还让我们记忆犹新。你能说自己就是卑微的吗?

正如台湾的女作家杏林子所说:现代社会,昂首阔步、趾高气扬的人比比皆是,然而有资格骄傲却不骄傲的人才是真正的高贵。

好岗位、好工作人人趋之若鹜,卑微琐碎的工作人人避之惟恐不及。如果你现在从事的是一种公认的卑微工作,短时间里也没有改变它的能力,那么,正确的办法应该是改变自己的心态,抱着一种化腐朽为神奇,化卑微为高尚的心态去做,会比抱着卑微的心态去做要强无数倍。于人于己,前一种心态都会得出一种好的结果,会得到别人的尊重,后者则不能。

✓ 适应力——你可以不怕改变

5.不要仅为薪水而工作,做个"物超所值"的员工

　　一个一无经验二无资本的人想要获得成功,最佳的捷径就是选择一种哪怕没有任何报酬自己也愿意努力去做的工作。当你这样做时,金钱就会自动地追随你而来。

　　许多刚踏入社会的大学毕业生,他们对自己充满了很高的期望,他们觉得自己富有学识,应该立刻得到一个薪水丰厚、职位显赫的工作。在他们的眼中,薪水成了一种衡量成败的标准。而现实是怎样的呢?许多刚从学校毕业的年轻人,没有任何工作经验,老板如何把重要的职务交给他去做呢?既然这样,他们又凭什么向老板去索取高薪呢?由于得不到这些,许多年轻人都抱怨老板,并且对工作也毫无热情。

　　今天,很多的年轻人都把社会看得十分冷酷和严峻,他们变得比他们的父辈们更加现实,这也许和他们看多了父辈们被老板无情的"炒鱿鱼"的现象有关。于是,在他们眼中,工作成了这样一条简单的定义:我为公司工作,公司付给我同样价值的报酬,等价交换。他们绝对不会去为公司哪怕是多做一点点。在他们的眼中,工资就是一切,学生时代曾经的梦想之花早已凋落。

　　他们工作时缺乏信心、缺乏激情,他们以应付的姿态对待一切,能偷懒就偷懒,能逃避就逃避,以此来表示对老板的不满。他们工作仅仅就是为了对得起这份工资,而从来没想过这会与自己的前途有何联系,他们也不会去考虑家人和朋友的想法。

　　为什么会出现这样的现象呢?这是由于人们缺乏对薪水的认识和理解所致。很多的人总认为老板付给自己的薪水太低,与此同时,他们放弃了比薪水更重要的东西。

　　所有35岁之前的年轻人都应该明白,不要做一个为薪水工作的职员,你的工资只是你获得工作报酬的一种方式,尽管它很直接,但是,它也是最

第五章
改变你的工作态度,天堂和地狱就在一念之间

短视的。如果你只是为了工资而工作,而没有其他更高远的目标,你将会成为一个不幸的人。这么做对你的人生来说,绝对不是一种好的选择。如果你只为薪水而工作,你的生活将因此而陷入平庸之中,永远找不到人生中真正的成就感。工作的目的虽然是为了获取报酬,但工作能给你带来的远比你的工资要多得多。

金钱到一定程度的时候对人来说就不再具有诱惑力了。也许,你现在还远远没有达到那种境界,但是,如果你是一个聪明人的话,你会发现,工资只不过是你所获得的报酬中的一种。有人问过很多事业成功的朋友,如果在没有利益回报的情况下,他们是否愿意努力去做自己的工作。他们都这样对他说:"我绝对会一样全力以赴地去工作,因为,我热爱我的工作。"一个人要想获得成功,最佳的捷径就是选择一种哪怕没有任何报酬自己也愿意努力去做的工作。当你这样做时,金钱就会自动地追随你而来。所有的公司也将竞相聘请这样的人才,而且他们愿意为此付出更高的报酬。

不要仅为薪水而工作,工作虽是为了生计,但是,通过工作使自己的潜能得到充分的发挥,比什么都重要。假如工作仅仅为了糊口,你生命的价值将因此而大打折扣。

有些薪水很微薄的人,忽然被提升到重要的职位上,这看来似乎有点不可思议。其实是因为在拿着微薄薪水的时候,他们就在工作中付出切实的努力,尽职尽责的工作,获得了充分的经验,这些便是他们忽然获得晋升的原因。

许多年轻人认为他们现在所得的薪水太微薄了,所以他们逃避工作,在工作过程中敷衍了事,以此来发泄他们对老板的不满。

这样,他们就埋没了自己的才能,泯灭了自己的创造力和发明能力,也就使自己可能成就伟大事业的潜能无法获得发展。

每个人对于自己的工作都应该这样想:我投身于工作是为了自己,我也是为了自己而工作;固然,薪水要尽力地多挣些,但这并不是最重要的。通过工作中的亲身经历获得大量的知识和经验,这将是工作给予你的最有价值的报酬。

✓ **适应力——你可以不怕改变**

在工作中，要不断求进步，不要落伍，要以积极的心态来做一切事情。只有这样，才能使你的老板对你产生特别的关注。并且从另一个角度讲，仅为薪水而工作，客观地说，这只是物有所值，而企业和经营者更需要的是物超所值的员工。打个比方来说，一件商品有没有竞争力，除了要看它本身的品质，最重要的是要看顾客的感受。广告中大量的顾客见证、明星见证，就是为了告诉你：他们用了都说好，你为什么不试一试呢？毕竟只有使用过的人才认为它物有所值，甚至物超所值，才是最有竞争力的商品。

从事工作也是如此，学历、能力和资历当然是一种竞争力，可是老板对每个员工，都有自己的期望值。当你的表现和他的期望基本吻合，他就会认为你物有所值，当你的表现超过了他的期望，他就会认为你物超所值。

真正的竞争力是不容易被取代的，它是你做事的表现和老板的满意度，而不只是几张"质量认证书"。

今天的商场，要想获得高额利润就必须甩开竞争者，而甩开竞争者的最佳途径就是提高产品和服务的附加值。这条规则在职场同样适用，拿多少钱做多少事的年代早已过去。竞争迫使你不得不去思考自己的附加值在哪里。

把份内的事情做得至微至周的同时，建议你想一想，除了份内的事以外，你还能做些什么？这样，你才会更有竞争力。

对你将来的老板来说，一个物超所值的员工意味着效率、价值和榜样。对你来说，它意味着机会、成长和实力。

6.吃亏并非都是坏事——多做份外的工作

一个人能吃亏，是宽容大度、能屈能伸的表现。俗话说"吃亏是福"，不过，肯于吃亏并不是轻易能做到的，需要有容忍雅量。"吃亏是福"并不是简单的阿Q精神，而是福祸相依、付出与得到的生活辩证法，是一种深刻的人

第五章
改变你的工作态度,天堂和地狱就在一念之间

生哲学。信奉"吃亏是福",不仅可以使自己的心胸变得更加宽广、乐观、积极,而且当自己遇到困难时,也能得到更多人的真心帮助。

据报导,盛大网络现任总裁唐骏在卡拉OK盛行的时候,研发了一个专门用于卡拉OK设备上用的打分机,演唱者唱完一首歌后,打分机会自动打出分数,这一设备增加了卖点。三星公司以8万元的价格买断唐骏该项专利后,其卡拉OK设备在整个市场所占的份额一下子从百分之十几提高到百分之三十多。三星的竞争对手日本先锋公司向三星购买专利使用权,花了150万元。三星依靠该项专利成为大赢家,很多朋友都觉得唐骏特别亏。国内软件行业的旗帜型人物求伯君做的第一桩买卖更亏。他编写的西山打印驱动程序以2000元的价格卖给了四通公司后,四通公司将该程序以500元一套的价格卖了好几百套。

这两位IT行业的风云人物,在谈到早年的吃亏经历时,却没有一丝遗憾,相反,都对当年的吃亏心怀感激。唐骏说,应该感谢三星公司,如果没有三星来买这项专利,就没有我创业之初的8万元启动资金,也许后来的事业不会像现在这么顺利。同样,唐骏也认为,这件事也教会他如何将专利变成商品,使他从一个学者型的人变成一个事业型的人。求伯君则认为,四通也没有薄待他,录用他做了一段时间的专职软件技术员,从而为他后来步入金山公司、开发WPS软件奠定了基础。更重要的是,这次买卖让他明白了经营在软件行业中的重要性,后来,他把金山公司总裁的位置让给了有经营头脑的雷军,自己则专心搞软件开发,金山公司迅速腾飞,而求伯君也因此成为IT行业的巨富。

纵观以上两位成功人士的吃亏经历,竟然都被当事人理解为福份,可见"吃亏是福"不是阿Q式的精神自慰,而是一种糊涂处世的智慧。我们应学会正确地调整心态,坦然面对吃亏,从而让我们得以在人生路上走得踏踏实实,快快乐乐。

工作中,有些工作不是分得很清,谁多做?谁少做?如果大家都想占便宜,那肯定有许多事情就没有人去做,这样的结果是你们这个集体的名誉都受到影响。正所谓占小便宜吃大亏,如果大家都不怕吃亏,有什么事情都

✓ 适应力——你可以不怕改变

抢着去做,也许这次你吃亏了,也许下次他吃亏了,但是,工作都完成了,集体荣誉有了,大家感情融洽了,工作氛围好了,相比下来,虽然吃了点小亏,却还是收获了大"福"。

7.摒弃"投机取巧"的坏习惯,勤恳工作才是最高尚的

我们当中总不乏有些人在做事前先要费尽心思地盘算能不能偷工减料,能不能找到解决问题的小窍门、小技巧,甚至不惜损害他人的利益来达到自己的目的。这些人总以为自己很聪明,可事实证明,越是自作聪明的人,越是"聪明反被聪明误"。

人若有些小聪明是好事,但是我们不应当将所有的希望,将事物的成败都寄托在我们的"小聪明"上,更多的时候,我们需要的是脚踏实地去做,去努力,而不是依靠投机取巧。

世界上最伟大的哲学家之一柏拉图正和他的学生走在马路上。这名学生是柏拉图的得意弟子之一。他很聪明,总是能在很短的时间之内领会老师的意思;他很有潜力,总是能提出一些具有独特视角的问题;他也很有理想,一直希望自己能够成为像老师一样伟大,甚至比老师还要博学的哲学家。但是他常常自视聪慧,不愿意在学识上多下工夫,自认为聪明能敌过他人的努力。

但是柏拉图认为他还需要生活的历练,还需要更加刻苦。柏拉图曾经语重心长地对这名学生说过一句话:"人的生活必须要有伟大理想的指引,但是仅有伟大的理想而不愿意脚踏实地,一步一个脚印地朝着理想奋进,那也就不能称为完美的生活。"

这名学生知道老师是在教导自己要脚踏实地,但他认为自己比别人聪

第五章
改变你的工作态度，天堂和地狱就在一念之间

明，总能用一些技巧轻易地解决问题，自己的理想也比别人的更加伟大，所以只要自己想做的，总能轻易地取得成功。

柏拉图也相信这名学生能够做出一番大事业，但是他却只看到大目标而不顾脚下道路的坎坷以及自身的缺点。柏拉图一直想找一个合适的机会让学生自己意识到他的这一缺点。一天，柏拉图看到他们前面的不远处有一个很大的土坑，这个土坑周围还有一些杂草，平常人们只要稍加注意就可以绕过这个土坑，但柏拉图知道他的学生在赶路时经常不注意脚下。于是，他指着远处的一个路标对学生说，"这就是我们今天行走的目标，我们两个人今天进行一次行走比赛如何？"学生欣然答应，然后他们就开始出发了。

学生正值青春年少，他步履轻盈，很快就走到了老师的前面，柏拉图则在后面不紧不慢地跟着。柏拉图看到，学生已经离那个土坑近在咫尺了，他提醒学生"注意脚下的路"，而学生却笑嘻嘻地说："老师，我想您应该提高您的速度了，您难道没看到我比您更接近那个目标了吗？"

他的话音刚落，柏拉图就听到了"啊！"的一声叫喊，学生已经掉进了土坑里，这个土坑虽然没有让人受重伤的危险，但是它却足以使掉下去的人无法独自上来。

学生现在只能在土坑里等着老师过来帮他了，柏拉图走了过来，他并没有急着去拉学生，而是意味深长地说："你现在还能看到前面的路标吗？根据你的判断，你说现在我们谁能更快地到达目的地呢？"

聪明的学生已经完全领会了老师的意思，他满脸羞愧地说："我只顾着远处的目标，却没走好脚下的每一步路，看来还是不如老师呀！"

一个人拥有智慧的头脑是值得骄傲的，但是聪明并不代表着一切。聪明是天赋，是先天的优势，但是成功却等于1%的天赋加上99%的汗水。倘若你比他人有天赋，那只能说明你比他人离成功更近，你有更多的资本走上成功的捷径。但并不代表着成功，如果仅仅想要依靠聪明天赋来成就一番事业，而不愿意脚踏实地、勤奋努力地做事，即便有再高的天赋也是无用的。

聪明并不等同于智慧。很多人在不同的方面都有些小聪明，但真正有

适应力——你可以不怕改变

大智慧的人却寥寥无几。

莎士比亚提醒我们,千万不要自作聪明,变成"一条最容易上钩的游鱼","用自己全副的本领"来"证明自己的愚笨"。正如同上面故事中的主人公一样,自视聪明,不遵守应有的规则制度,认为自己的方法比别人便利,节省了更多时间,结果往往适得其反。

真实的情况是,一个人如果把心思过多地用在小聪明上,他必定没有精力去开发和培植他的大智慧。聪明和智慧是两个不同的概念,智慧有益无害,聪明益害参半,把握得不好的小聪明则贻害无穷。

拥有太多小聪明的人,往往都只顾眼前利益,看不到长远的根本利益。相反地,具有大智慧者却很少会在众人面前炫耀自己的聪明才智,更不会自作聪明地做一些实际上愚蠢至极的事情。

从前有个小男孩,非常聪明,但在长久的夸奖声中,他渐渐地开始偷懒,想靠投机取巧来获得成功。

这天,小男孩有幸和上帝进行了对话。

小男孩问上帝:"一万年对你来说有多长?"

上帝回答说:"像一分钟。"

小男孩又问上帝:"一百万元对你来说有多少?"

上帝回答说:"相当一元。"

小男孩对上帝说:"你能给我一元钱吗?"

上帝回答说:"当然可以。请你稍候一分钟。"

一位哲人说过:"投机取巧会导致盲目行事,脚踏实地则更容易成就未来。"

我们的成功需要智慧,更需要脚踏实地地付出。人要站得牢才走得稳,投机取巧走捷径或许在一时能得到好处,但是因为没有坚实的基础,脚步太过于轻快,导致的结果只会是在长途跋涉中落后于他人。作为一个渴望获得成功的人,我们的目光应看向前方,但是前进的道路却在我们脚下,只

第五章
改变你的工作态度,天堂和地狱就在一念之间

有实实在在地走好每一步,才能走得更远。

世界上绝顶聪明的人很少,绝对愚笨的人也不多,一般都具有普通的能力与智商。但是,为什么许多人却无法取得成功呢?

一个最重要的原因在于他们习惯于投机取巧,用小聪明来替代所必须要付出的心血,不愿意付出与成功相应的努力。人们都懂得"宝剑锋从磨砺出,梅花香自苦寒来"的道理。可是一旦到自己身上,马上就又回复到"投机取巧"的"捷径"上了。

投机取巧会使人堕落,无所事事会令人退化。只有勤奋踏实地工作才是最高尚的,才能给人带来真正的幸福和乐趣。成功者的秘诀就在于他们能够摒弃"投机取巧"的坏习惯,无视那些小聪明,用自己的努力开创属于自己的辉煌。

"机关算尽太聪明,反误了卿卿性命。"聪明是好事,但要用在适当的地方,才能显示出其真正的价值。若想投机取巧、不劳而获,聪明只会把你带入失败的深渊。

8.做事脚踏实地,杜绝眼高手低

有些人总是有很高的梦想,他们不屑于眼前的这些小事。旁人在他们眼中,也大多是一群庸庸碌碌之辈,谈不上有什么共同语言。但在最初交往时,人们往往会被他们表面的雄心壮志所迷惑,老板也会认为他们是难得的栋梁之才。而事实上,他们眼高手低,大部分时间都沉浸在自己宏伟的梦想中,长此以往,他们不能也不会做出什么成就,曾经的雄心壮志难免会变成同事们茶余饭后的玩笑。除非他们翻然悔悟,奋起直追,否则,等待他们的往往是慢慢沉沦,或者跳到其他的公司去继续发牢骚,即使这样,同样的悲剧也难免再次上演。

适应力——你可以不怕改变

郭英毕业于某大学外语系,她一心想进入大型的外资企业,最后却不得不到了一家成立不到半年的小公司"栖身"。心高气傲的郭英根本没把这家小公司放在眼里,她想利用试用期"骑马找马"。

在郭英看来,这里的一切都不顺眼,不修边幅的老板,不完善的管理制度,土里土气的同事……自己梦想中的工作可完全不是这么回事啊。"怎么回事?""什么破公司?""整理文档?这样的小事怎么让我这个外语系的高材生做呢?""这么简单的文件必须得我翻译吗?""就一篇小报告而已,为什么自己不写要我帮忙呢?""噢,我受不了了!"

就这样,郭英天天抱怨老板和同事,双眉不展、牢骚不断,而实际的工作却常常是能拖则拖,能躲就躲,因为这些"芝麻绿豆的小事"根本就不在她思考的范围之内。她梦想中的工作应该是一言定千金的那种。呵,梦想为什么那么远呢。

试用期很快过去了,老板认真地对她说:"我们认为,你确实是个人才,但你似乎并不喜欢在我们这种小公司里工作,因此对手边的工作敷衍了事。既然如此,我们也没有理由挽留你。对不起,请另谋高就吧!"

被辞退的郭英这才清醒过来,当初自己应聘到这家公司也是费了不少力气的,而且,就眼前的就业形势,再找一份像这样的工作也很困难。初次工作就以"翻船"而告终,这让郭英万分失望与后悔,可一切都已悔之晚矣!

有些员工则不同,他们也有很高的梦想,但他们不会每天都深陷于幻想中难以自拔,他们会制订好切实可行的计划,从现在的工作开始做起,从一点一滴的小事做起,并这样毫不松懈地坚持下去。就这样,他们一步步地默默努力着。终于有一天,他们晋升成为公司的骨干,所有人都不禁会大吃一惊,但仔细回想,这一切其实纯属正常,毕竟天助自助者。梦想对于他们,已经变成了活生生的现实。

当人们抱着过高的目标接触现实环境时,感到处处不如意,事事不顺心,于是就整天地抱怨。其实在做事时,你首先要做的是根据现实的环境调

第五章
改变你的工作态度,天堂和地狱就在一念之间

整自己的期望值,即使你给自己定位很高,但做起事来要现实一些。千里之行始于足下,只有辛勤耕耘才会有所收获。再宏伟的梦想,也经不住只说不做;因此做事一定要脚踏实地,坚决杜绝眼高手低。

9.学会安静防守,尽可能远离办公室斗争

现在人和人之间的竞争越来越激烈,尤其是在充满斗争的办公室中,那些纷争、恩怨处处存在却又没有办法避开。

可以说办公室就是一个小战场,我们随时都会被卷入无形的厮杀中,结果很多人因为浮躁,不懂得远离战场,遇事不够冷静,从而成了办公室斗争中的牺牲品。

小李在一家规模不大的股份制公司工作,由于年轻、肯吃苦、专业知识过硬,很快就成了公司不可缺少的技术骨干。老总和副总都先后对他表示了栽培之意,小李高兴极了,自己的成绩得到了领导的肯定,前途一定不可限量!

不过公司小,老总和副总都喜欢越级交代工作。虽然任务压得人喘不过气来,但小李决定,宁可自己加班加点,也要做到两边都不得罪。

一段时间下来,小李累得够呛,但两位领导似乎并不怎么领情。他们开始变得热衷于教训他,常常是他前脚迈出总经理室,就被隔壁的副总经理叫去,换个角度、换套说辞再骂一遍。小李不知道,自己辛辛苦苦,到底做错了什么?

后来,有老员工悄悄给他递话:"你没看出来啊?老总和副总不合,站哪边,你自己看着办吧……"

小李懵了,刚从学校出来,遇到这种事情,还真不知道该怎么处理。

适应力——你可以不怕改变

小李冥思苦想一整夜,终于想通了:受夹板气的日子太难受了,还是得找个靠山,得有人"罩"着。他想,当初是老总一眼相中他的,有知遇之恩,今后就跟着老总吧!

第二天,副总又过来交代任务,小李一反常态,冷冷地说:"您今后有什么事,还是向我的主管交代吧,需要我做的,主管自然会分派。"副总一怔,恨恨地走了。

从此以后,小李的日子的确好过了很多。副总再想找他的茬,老总总会挺身而出为他说话,他终于体会到"大树底下好乘凉"的滋味了!

不过好景不长。这天下班,老总邀请"老总派"全体人员去唱歌。大家正唱在兴头上,老总突然接过话筒说:"今天,我递交了辞职报告。"大家顿时惊呆了。原来,老总在和副总的斗争中落马了,副总取得了董事会的支持,马上要"扶正",而老总只能出局。

小李的结局自不待言,后来副总随便找了一个理由,就将对公司有功的小李开除出局了。

也许很多人都有过小李这样的经历,不知不觉间就成了办公室斗争的牺牲品。但这全都是那些斗争者的错吗?为什么我们就不能聪明一点儿,远离这些斗争呢?

每家公司内部都不可避免地会出现内部纷争,要想在一个单纯的环境里工作,基本上就是痴人说梦。你不懂得如何远离这些纷争,就可能会被这些纷争所绊,轻则永远没有升职的机会,重则就像小李一样卷铺盖走人。

既然办公室斗争那么激烈,如何才能在办公室斗争之中明哲保身,不被这些恩怨所累呢?

1)不要随便在背后说人闲话

天下没有不透风的墙,你说的话极有可能成为新战争的导火线,而你自然就是战场上的炮灰。

2)不要随便加入某一个派别

世事无常,尤其对于办公室斗争来说更是如此,大树之下并不是真的

第五章
改变你的工作态度,天堂和地狱就在一念之间

好乘凉,有时候还有可能被倒下的大树压死

3)让自己变得不可或缺

和各个派别的人搞好关系是必需的,但是如果你能够成为两派都需要的人,那么你的地位就会非常稳固。

不要以为自己不耍心机就能在办公室安安稳稳地工作,很多时候不是你有意制造麻烦,而是麻烦找上你。要学会明哲保身,不让自己卷入那些战争,只有掌握了这些生存智慧,你才能在职场中如鱼得水。

TIPS:五项基本原则

第一,莫想与所有同事做朋友

职场人首先要清楚,来公司的目的不是交朋友,而是为了把工作做好。所以,对于工作中的人际关系,应理性看待。"物以类聚,人以群分",对于不同类型的人,不必因不能做朋友而大伤脑筋,只要保持正常的工作关系即可,否则要么改变对方,要么扭曲自己。同时也要明白:不是所有人都能做朋友,你也不可能成为所有人的朋友。

第二,利益沟通核心是维持双赢

同事关系主要以利益为主,当两人发生冲突时,一定是妨碍了彼此的利益。利益沟通的关键点是:维持双赢。如果任何一方在冲突中失去重大利益,那么以后的冲突就会更加严重。只有在相互妥协中达到双赢,才能和谐相处。不要因为与上司的友谊,就处处觉得自己高人一等,这样除了成为众矢之的,受到嫉妒和不屑的目光外,更可能遭遇明里暗里地处处作对;也不要因为朋友的关系,就对某个下属处处照顾。

第三,太顾虑朋友影响决策

过多顾虑朋友感情会影响你的决定,若是出于保护朋友而做出有倾向的决定,会引起其他员工的不满,增加自己工作的困难,甚至使自己的威信大打折扣。另外,如果你在公司的朋友是异性,在工作场合要尽量避免过多

适应力——你可以不怕改变

的接触,哪怕是会心的微笑和交流的目光。否则可能会被传为办公室恋情,很多上司最忌讳下属这样。如果这种恋情完全子虚乌有,因谣言影响了自己及朋友在公司的发展,岂不冤枉?

第四,千万莫吝啬你的支持

如果"战友"是你的上司:

一、不要推卸责任。将工作中遇到的问题,及时反映出来,但决不要在事情发生后推卸自己的责任。

二、学会换位思考。多站在老板、上司的角度,想想如果你是他,你希望手下的员工怎么做。这样你就能很好地去执行。

如果"战友"是同级同事:

一、互相支持。在你遇到难题时想得到怎样的支持,就怎样去帮助别人。

二、保持距离。不要把同事当成朋友,公私不分。

三、决不传播流言。流言满足了人们窥私的心理,所到之处必生龃龉。

第五,时刻注意细节

1)平等对待每一个人。无需对资历老的前辈刻意讨好,也不要对新人颐指气使。"尊重"是与同事相处的基本之道。

2)莫在办公室过多谈论自己的私人生活,更不要倾诉自己的个人危机,"友善"并不等同于"友谊",别人对你的个人生活也不一定感兴趣。

3)开玩笑要有"度"。轻松幽默的人的确能够受到大家的喜爱,但口无遮拦就是另一回事了。

4)莫谈论他人是非。谈论别人是非者往往自己会成为是非的中心。

5)莫炫耀自己。即使你与上司有着情同手足的关系,也不要到处炫耀,低调淡然能远离妒忌和刁难。

6)莫想着占别人的便宜。斤斤计较的人容易失去同事的信任和支持。

7) 莫过多要求别人。不要期望每个同事都像家人和朋友一样来包容你、理解你。

8)如果已经和同事成为朋友,不要在工作场合显得过于亲密,避免让人感觉你们"拉帮结派"。

9)要学会说"不"。同事间相互帮助是应该的,但不要让这种帮助变成了习惯和指使,否则你分内的工作又怎么办呢?

10.理性地接受工作中的不完美

"这山望着那山高",似乎是人们一种普遍的心理。所以,现在有一些白领总是觉得自己的工作不是很好,希望能找到一份更好的工作。比如,我们在与周围朋友聊天的时候,很少会听到有人说对自己的薪酬十分满意,对自己的工作状况十分满意;相反,大家好像都在抱怨,自己的工作不是很好,收入跟别人比起来实在是太少了,等等。

过去人们常说"龙生龙,凤生凤,老鼠的儿子会打洞"。这意思是说每个人都有特定的禀赋,适合做某一类工作。现在有些白领觉得工作不幸福,就是因为如此。

从心理学角度来看,他们的这种想法并不是没有道理,因为人们的不同的个性对他们所从事的工作确实有一定的影响。

1989年,美国心理学家麦克雷可斯塔等人提出了"五大个性模型",即人们的个性分为外向性、宜人性、责任感、情绪稳定性和开放性。

外向性和宜人性体现有关人际方面的特质;

责任感主要是指工作行为、事业态度与追求;

情绪稳定性说明人的情绪稳定、平衡的强弱程度;

开放性是指个体深层心理的文化特性、聪颖性等。

这五大因素都和人的习惯有关,它们与工作效率之间的关系就更加密切。比如,有的人擅长思维,动手能力差,让他去做市场策划可能是个高手,但让他去做外科医生,则有可能一塌糊涂。

那么,这种个性就是绝对的吗?

✔ 适应力——你可以不怕改变

有两个编辑在同一家出版社工作，A编辑看上去非常喜欢自己的工作。她每收到一部好书稿，就会感到很幸福，因为不仅能产生阅读的愉悦，而且是一个自我学习和提高的过程。而B编辑则完全相反很不喜欢做编辑工作，只是找不到其他让自己更满意的工作。她之所以不喜欢做编辑，除开劳动强度之外，就是感觉自己总在为人做嫁衣。

在同一个出版社同样是做编辑工作，这至少说明她们的工作本身没有"幸福"与"乏味"之分；而她们的个性差别并不大，那是什么原因让她们对同样的工作产生迥然不同的感受呢？

导致这种差异的原因就是不同的价值观。

工作幸福与否不取决于工作本身，而是取决于你本人的"个性"特点和价值观。

所以，职场上没有百分之百适合你个性的工作在那里等你，你也不可能找到完全适合你的工作。个性并不等于天性，它不是绝对不能改变的。所以，自我调整是非常必要的。你调整了自己的心态，才能适应工作的要求。只有这样，你才有可能在工作中感受到幸福。

比如，按心理学的个性分类，从事销售工作的人最好具备"宜人性"，即性格外向，而且表达能力强。但事实上，销售业绩最好的人往往并不是那些伶牙俐齿的人，很有可能是那些看上去性格比较内向的人。他们性格比较内向，拙于言辞，但他们能根据客户的需求调整自己，尽量与客户去沟通。他们虽然话不多，很多时候更像个咨询师，一说就能说到实处，让客户感到实在放心。因此，很难说是工作适应了他们的个性，还是他们的个性适应了工作。

现在很多白领都在寻找适合自己个性的工作，并以此来判断工作是否幸福。但是，他们往往只注重眼前的是否适合，没想过要去调整自己。所以，不到一两年，甚至不到一年，就觉得现在的工作不适合自己，于是，挥挥手，不带走一片云彩就跳槽了。这样既不利于职业的长远发展，也很难找到真正的幸福。

职场上没有完全适合你的工作在那里等你，但只要你适时调整自己，使自己适应工作的要求，你就能从工作中感受到幸福。

第五章
改变你的工作态度,天堂和地狱就在一念之间

凡事都具有两面性,工作也是一样,如同玫瑰,不仅有美丽的芬芳,还有扎人的刺。我们在收获工作的回报与成就感时,也应该理性地接受其中的不完美。

对于每一个人来说,既然已从事了一种职业,选择了一个岗位,就应该去接受它的全部。工作中会有我们喜欢的部分,比如工资与成长,也会有我们不是很喜欢的部分,比如困难与挫折。但这些都是我们工作的一部分,工作是一个整体,任何人都不能将其分开。如果你想享受工作带给你完整的幸福,就一定要接受这个整体,只有体会了完整的过程,才会让幸福的笑容更美。

"你需要一个不会渗漏的阀门,并且竭尽所能开发这样的阀门。但是现实世界给你提供的是渗漏的阀门,因而你必须做个决断,你到底能忍受多大程度的渗漏。"这是研发土星五号、实施第一次阿波罗登月计划的科学家阿瑟·鲁道夫对"风险"概念的表述,反过来,也可以认为是对工作并不完美的最佳注解。

卡耐基说:"事情的本身不能使我们幸福或不幸福,决定我们感觉的是:我们对事情的反应方式。"工作是否会有成果,往往取决于对待工作的态度。以包容的心态去面对工作,可以激发我们在工作中的热忱;以抱怨的心态去面对工作,则会消磨我们在工作中的激情。

工作是一个人的使命,坦然地接受工作的一切,除了益处和幸福,还有艰辛和忍耐。只想享受工作的益处和幸福的人,是不负责任的。他们在喋喋不休的抱怨中、在不情愿的应付中完成工作,必然享受不到工作的乐趣,更无法得到升职加薪的待遇。

那些在求职时念念不忘高位、高薪,工作时却不能接受工作所带来的辛劳、枯燥的人;那些在工作中推三阻四,寻找借口为自己开脱的人;那些不能任劳任怨满足客户要求,不想尽力超出客户期望提供服务的人;那些失去激情,任务完成得十分糟糕,总有一堆理由抛给上司的人;那些总是挑三拣四,对自己的工作环境、工作任务这不满意那不满意的人,都需要反思一下自己的工作态度是不是出了问题。

☑ 适应力——你可以不怕改变

每一份工作都蕴涵着无数个成长的机遇。任何一份工作都值得你认真对待,值得你去尽力做好。我们一旦从事一项工作,就应当接受它的全部,并使自己在工作中找到乐趣。

刚做旋车工的萨姆尔·沃克莱日复一日的工作就是旋螺钉,看着那一大堆等待他去旋车的螺钉,萨姆尔·沃克莱牢骚满腹,心想自己干什么不好,为什么偏偏来旋螺钉呢?他想过找老板调换工作,甚至想过辞职,但都行不通,最后寻思能不能找到一个积极的办法,使单调乏味的工作变得有趣起来。

于是,他和工友商量开展比赛,看谁做得快,工友和他颇有同感。这个办法果然有效,他们工作起来再也不像从前那样乏味了,而且效率也大为提高。不久,他们就被提拔到新的工作岗位。后来,沃克莱成了一家著名的火车制造厂的厂长。

不要把工作看成是一种谋生手段,而应该把工作当成一种乐趣,这样你才能为工作投入,甚至会为它痴迷,这时所有的困难都会变得容易起来,因为工作已经成为一种享受。

"世事岂能尽如人意",人生也好,工作也罢,都是在不断改进自己的过程中前行,而完美的结果和完美的过程都是不存在的。既然没有一项工作是完美的,也没有一项工作会让一个人完全满意,我们就应该让自己少一些抱怨,多一些积极的心态去努力进取,这才是正确的态度。

法国思想家卢梭曾经说过:"忍耐是痛苦的,但它的果实是甜蜜的。"一项工作中有得失是常态。也就是说,在一种正常的状态下,不可避免。应用温和的态度去面对这些得失,尽可能维持原本感恩、喜乐、自省的状态。

一个能够坦然面对挫折,承受工作中委屈的人,一定能顶住压力,在职场上取得卓越的成就。他们不是天生的强者,却是有着优良品质的卓越者。他们从未将工作中的得失、委屈看做是一种痛苦,而是不断地去调整、适应,为自己争取一个个可以成功的机遇。

第五章
改变你的工作态度,天堂和地狱就在一念之间

美国联合保险公司有一位名叫艾伦的推销员,他很想成为公司的明星推销员。从很早以前,他就认为自己具有推销的天赋,他也确信自己一定能实现这个梦想。

在刚进入保险公司的时候,由于学历低,经验有限,艾伦常常受到同事们的讽刺和排挤。冷嘲热讽的话语对他来说是家常便饭,时常会有到手的好任务,被别人抢先获取。不过,他并没有计较这些,相反,为了积累经验,他甘愿接受这些别人不愿意接受的任务,而目的仅仅是为了锻炼自己。

那是一个寒冷的冬天,在划分推销区域时,很多同事都向上司申请在市区附近工作,这样可以快点回家休息。而最终讨论的结果,是由艾伦来负责那些距离远、人口少的区域。艾伦什么都没说,而是立即起程,尽管他知道,以前在这个区域还没有谁推销成功过。

但是,他在心里对自己说"你们等着瞧吧,我一定会成为明星推销员的!今天我会再次拜访那些顾客,我会售出比你们售出总和还多的保险单。"基于这种心态,艾伦回到那个街区,访问了每一个人,结果售出了66张新的事故保险单。这确实是了不起的成绩,而这个成绩也不断激励着他,让他最终成为了真正的明星推销员。

作为一名推销员,艾伦的表现是出色的,他在工作的委屈面前,没有自哀自怜,没有自暴自弃,相反,而是踏踏实实地工作,终于成了一名"金牌"推销员。他的经历提醒了我们,每个人的工作、遇到的情况虽然不同,但都可能会面临得失,经受委屈。对于同样的问题,有的人消沉委靡,怨天尤人,有的人却能更加积极、更加正面地去处理。一味纠缠在这些小事上,只会浪费自己的时间,错失原有的机会。

一位成功的企业家在鼓励员工时说——在布满荆棘的道路尽头,等待你的将会是美丽的花园。你们应当相信:目前所从事的工作,不论顺境、逆境,都是对自己最好的磨炼和考验。若能如此,你才能在得失和委屈面前依旧心存喜乐,高效工作。

□ 第六章

改变不了环境，
就学会改变自己去适应环境

> 一个人要想有好的环境，必须先优化自己的"主观环境"，克服自己的弱点和缺陷。如果置身于不如意的环境中，不要无谓地埋怨，而应主动乐观地创造条件，赢得转机。

第六章
改变不了环境,就学会改变自己去适应环境

1.适应环境远比改变环境要容易得多

有这样一则寓言:一只猫头鹰准备搬家到东方去。斑鸠问它:"西方是你的老家,你为什么要搬到东方去呢?"猫头鹰回答说:"因为我在西方实在住不下去了,这里的人都讨厌我夜间的叫声。"斑鸠劝道:"你唱歌的声音实在难听,晚上更是影响人们的睡眠,所以大家都讨厌你。要是你改变声音或停止夜间歌唱,不是仍然可以在西方住下去吗?不然的话,即使搬到东方,那里的人也会讨厌你的。"

寓言虽属虚构,但却给我们以深刻的启示:改变环境不如适应环境,而适应环境远远比改变环境要容易得多。

成功总是青睐那些认真工作、积极进取的人。如果终日一肚子牢骚委屈,自以为大材小用,不仅没有人同情,还可能会被环境所淘汰。

一般来说,职场中有两种人——改变环境的人和适应环境的人。大多数人都在努力适应环境,就像坚韧的仙人掌,在多么贫瘠的土地上都能够生存。还有那么一些极少数的人,他们就像雨露一样,慢慢地渗透土地,化贫瘠为富饶。

生活之中会有各种各样的环境,要融入到环境中,但是也要努力地展示自我,用自我的精神影响环境,就像石缝里生长的松柏,一丛苍翠,傲然挺立。

适应环境是人生来就有的潜能,人之所以为人,也是长期进化的结果。来看这样一个小故事:

一位哲学家搭乘一个渔夫的小船过河。行船之际,这位哲学家向渔夫问道:"你懂得数学吗?"

适应力——你可以不怕改变

渔夫回答:"不懂。"

哲学家又问:"你懂得物理吗?"

渔夫回答:"不懂。"

哲学家再问:"你懂得化学吗?"

渔夫回答:"不懂。"

哲学家叹道;"真遗憾!这样你就等于失去了一半的生命。"

这时水面上刮起了一阵狂风,把小船给掀翻了,渔夫和哲学家都掉进了水里。

渔夫向哲学家喊道:"先生,你会游泳吗?"

哲学家回答:"不会。"

渔夫非常遗憾地说:"那么你就失去整个生命了!"

这是一个伟人给他心爱的女儿所讲的一个故事。它寓含了一个非常深刻的人生哲理:一个没有学会在人生长河中游泳的人,即使其他的东西学得再多,也无法生存下来,因为他缺乏基本的适应和生存能力。

人是自然与社会的统一体。婴儿出生时只是个自然的生物人。要转化成社会人,就必须经历社会化的过程,人的社会化即个体与社会不断调整适应的过程。

一个人要想在社会中生存和发展,就必须使自己的思想观念、思维方式、知识能力以及生活方式、生活习惯等等一切同社会环境相适应。一个人要在事业上有所作为,离不开职业岗位提供的条件,离不开领导的支持和周围人的帮助,而这一切的获取则是以适应为前提条件的。

正所谓:入海为龙你就行云布雨,上山成虎你就威慑山林。担任领导应该公正无私,具体经办就要兢兢业业。优胜劣汰,适者生存。学会适应环境,调节心态,这一生必然会活得充实而精彩!

第六章
改变不了环境,就学会改变自己去适应环境

2.如果每个人都从改变自己开始,环境也会跟着改变

改变周围的环境,想必是很多人都有过的梦想。比如,我们会抱怨周围的卫生环境太差了,但是看到遍地的垃圾,自己也会把手里的废纸随手一丢,还会安慰自己说反正已经脏成这样了,也不在乎再多一张废纸。也许,大多数人和你抱着同样的想法,但如果我们每个人都从改变自己开始,卫生环境不就改观了吗?

面对一大片环境,作为个体,我们是无能为力的,但是我们可以改变自己。

很久以前,人类都是赤脚行走的。一位国王去偏远的乡间旅游,路上有很多碎石,把他的脚硌得生疼,他大怒,回到皇宫后,就下令将国内的所有的道路都铺上一层牛皮。他觉得这样做,不仅自己不再受苦,全国老百姓也都可以免受石头硌脚之苦了。

愿望是好的,问题是哪里来那么多牛皮?就算把全国所有的牛都杀了,也筹措不到足够的皮革,这还不算用牛皮铺路所花费的金钱、动用的人力。但既然是国王的命令,谁敢说个"不"字呢?

就在大家为此发愁的时候,一个聪明的大臣大胆向皇帝谏言说:"国王啊!为什么您要劳师动众,牺牲那么多头牛,花费那么多金钱呢?您何不只用两小片牛皮包住您的脚,这样不就免受石头硌脚之苦了吗?"

国王一听,当下醒悟,于是立刻收回命令,改采用这位大臣的建议。据说,这就是"皮鞋"的由来。

可见,想改变世界,很难,而改变自己则容易得多。与其改变全世界,不如先改变自己。当你改变了自己,你眼中的世界自然也就跟着改变了。

✓ 适应力——你可以不怕改变

在英国威斯敏斯特教堂的地下室，圣公会主教的墓碑上写着这样的一段话：

当我年轻的时候，我的想象力没有受到任何限制，我梦想改变整个世界。

当我渐渐成熟明智的时候，我发现这个世界是不可能改变的，于是我将眼光放得短浅了一些，那就只改变我的国家吧！但是这也似乎很难。

当我到了迟暮之年，抱着最后一丝希望，我决定只改变我的家庭、我亲近的人——但是，唉！他们根本不接受改变。

现在在我临终之际，我才突然意识到：如果起初我只改变自己，接着我就可以改变我的家人。然后，在他们的激发和鼓励下，我也许就能改变我的国家。再接下来，谁知道呢，或许我连整个世界都可以改变。

当我们没有能力去改变环境的时候，尤其是环境不利于我们的时候，就改变自己吧。这是一种智慧，一种策略。

伊索寓言中有一个故事：一阵狂风，把一棵大树连根拔起。大树看到旁边池塘里的芦苇就问："为什么这么粗壮的我都被风刮断了，而这么纤细的你却什么事也没有呢？"芦苇回答说："我知道自己软弱无力，就低下头给风让路，避免了狂风的冲击；而你却拼命抵抗，结果被狂风折断了。"

我们应该像芦苇，尽管软弱，但有智慧。面对狂风袭来，不是试图与之对抗，而是伏下身子，低头弯腰，化险为夷。更重要的是，积蓄力量，在机会到来之时，全力冲刺。

刘虹大学毕业时国家还管分配，她被分配到了一个偏远的小山区当教师，不仅条件差，工资更是少得可怜。其实，刘虹在校成绩不错，擅长写作，还曾担任过学校文学社的社长。现在被分到这样一个破地方，她整天愤愤不平，对工作没有热情，连一向爱好的写作也没了兴趣。整天琢磨着"跳槽"，幻想能有机会调一个好的工作环境，拿到一份优厚的报酬。两年过去了,她的工作没有任何起色,写作也荒废了,她也变得更加郁郁寡欢。

这天,学校开运动会,连附近的村民都来观看,小小的操场被围得水泄不通。她来晚了,站在后面,跷起脚也看不到里面热闹的情景。这时,身旁一个很矮的小男孩儿吸引了她的视线,只见他一趟趟地从远处搬来砖头,在那厚厚的人墙后面,耐心地垒着一个台子,一层又一层,足足垒了半米多高,他才登上台子,还冲刘虹粲然一笑,掩饰不住的是成功的喜悦和自豪。

刹那间,刘虹的心被震了一下,操场上的环境已经不能改变了,自己只是站在外面唉声叹气,抱怨自己来晚了。而小男孩儿,却懂得垒一个台子,改变自己的高度,去欣赏比赛。自己一直在抱怨被分的地方是多么差劲,但是不曾想到改变自己,她为自己之前的做法感到惭愧。

从此以后,她满怀激情地投入到工作中去,踏踏实实,一步一个脚印。很快,便成了远近闻名的教学能手,编辑的各类教材也接连出版,各种令人羡慕的荣誉纷纷而至。两年后,她被调至自己颇喜欢的一所中专任职。

自然发展规律告诉我们:物竞天择,适者生存。只有不断调整自身适应环境,人才能获得巨大发展。

3.改变自己去适应别人,才是走向成熟的标志

如果这个世界就像我们捏泥人的游戏一样就好了,我们可以按照自己的意愿把其他人捏成我们想象中的样子。

但是怎么可能呢?

别人只能是别人的样子,甚至连我们善意的忠告,他们都懒得听,更别说接受我们的改造了。

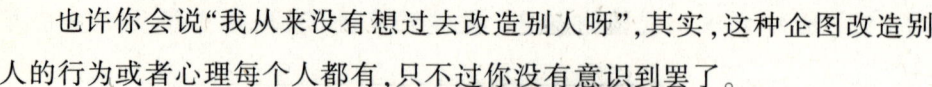 适应力——你可以不怕改变

也许你会说"我从来没有想过去改造别人呀",其实,这种企图改造别人的行为或者心理每个人都有,只不过你没有意识到罢了。

比如——

你是不是会觉得老公吃饭时狼吞虎咽的样子实在不雅?

你是不是觉得朋友丢三落四的毛病很不好?

你是不是觉得同事真死脑筋,做什么事情都不知道转弯儿?

你是不是认为自己的建议非常完美老板就应该接受?

……

然后,你就不断地去提醒,找各种理由去说服对方,但是对方似乎并没有因你改变多少,或者根本就不愿意接受你的意见,尽管你的本意是好的。

不要认为别人顽固不化,难道你就希望别人改造你吗?比如,你非常喜欢紫色,所以买衣服的时候常常会不由自主地选择紫色,而别人认为你根本不适合这种颜色,你会怎么想?大概会在心里嘀咕:我爱穿什么穿什么,多管闲事!

当别人不能适应我们,不能按照我们要求的去做的时候,冲突和矛盾就产生了。可以说,人际关系的不和谐多半是因为我们试图让别人适应我们而不成功造成的。所以,当你觉得自己的人际关系不尽如人意的时候,不要把责任归咎于别人,多从自己身上找找原因。与其去改变别人适应自己,不如改变自己去适应别人,毕竟相较别人来说,只有我们自己才受自己掌控。

当一个人不再对别人要求苛刻,不再要求别人适应自己,而是会通过他人的镜子、现实的镜子或者是历史的镜子来剖析自己、调整自己,通过改变自己去适应他人的时候,才是走向成熟和理智的标志。比如,一位同事对你的态度不太友好,你能让他对你有礼貌的唯一方法,就是先改变自己对他的不好印象,对他表示友好和善意。卡耐基曾说:"想要别人怎样对你,你就要先对别人怎样。"

改变自己,适应别人,是为了营造更和谐的关系。

有人说,人与人之间相处的艺术,就是一种妥协的艺术,尤其是恋人之

第六章
改变不了环境,就学会改变自己去适应环境

间、夫妻之间。

如果你抱着改造对方的心态,比如,他下班刚回到家坐在沙发上抽支烟,你马上就唠叨说:"给你说多少遍了,不要在家里抽烟,你怎么就是改不了?"或者说:"回到家要先去洗脸,你怎么就是不听?"时间长了,他还会愿意回家吗?也许他宁愿在办公室里待着加班,也不愿意回家听你唠叨。在他的眼里,家应该是一个随心所欲的地方,舒服比什么都重要,如果你老推着他去达到什么样的标准,他自然就会不耐烦。有的男人甚至宁愿换太太,也不肯"换"自己。

小雯结婚没几个月,就和丈夫离婚了,离婚的原因简直有点可笑,仅仅是因为她丈夫爱吃咸,而她认定吃盐多了对身体不好,就想把他的口味改淡一点。结果,每次吃饭,都为此争吵不休,她的丈夫因此开始不在家吃饭。为了让丈夫回家吃饭,她就克扣丈夫的工资。再后来,她的丈夫就提出了离婚。

每个人都是一个独立的个体,即便是一个不懂事的孩子,也不可能完全按照你的意愿成长。所以,不要因为对方不听你的话而烦恼不堪,哪怕对方是你的丈夫或者孩子,你也没有权利和能力让他们完全适应你。学着尊重对方的个性,必要的时候,去改变自己适应对方。

有一个女人习惯从尾部开始挤牙膏,而她的丈夫却常常做不到这一点,她为此就常常与丈夫争吵不休,后来越吵越烈,最后协议离婚了。这听起来简直匪夷所思,却是事实。如果我们在结婚之前就知道,挤牙膏方式的不同可能会让我们的爱情之火熄灭,我们就一定会用一两分钟的时间在这个问题上达成共识,然后走向结婚的礼堂。而冷静下来想一想,这相对于自己曾经海誓山盟的爱情,实在是微不足道的一件小事,为什么就不能妥协一下?或者干脆每天早上帮他挤好牙膏?

当然,适应别人,并不是唯唯诺诺的盲从,更不能以失去自我为代价。就以我们与老板的关系为例来说,既然我们选择了这个老板,并希望在这

 适应力——你可以不怕改变

里有所作为,就应该去适应老板,而不能指望老板来适应我们。但是,为什么有那么多人不停地抱怨老板,然后不停地跳槽?

这就涉及如何适应的问题,有的人为了讨好老板,无论老板说什么都点头称是,没有一点自己的主见,那么这种忠诚也只能称为愚忠而不是智慧,老板自然不会重用一个只会盲目服从的员工。其实真正的适应不是"绝对服从",而是"合理顺从"。

合理顺从的含义是"提供相关信息,协助老板达成正确决策,以利自己的配合执行"。老板对的时候,应该听从并且尽力去配合;老板有偏差或缺失的地方,务必委婉说明劝阻,让老板感觉到你是在以"参与"的心态来协助他达成决策。千万不要明明知道错了,但因为对方地位比自己高,权力比自己大,就盲目服从,或者以此企图获得老板的宠悦。

适应老板,不是盲从,不是只为讨老板欢心,而是尽力配合执行,作出更完美的决策,这才是真正地对老板负责,对自己负责。

试图改造别人,让别人适应你,只会引起别人的反感。聪明的人,懂得顾全大局。比如为了更好地合作,为了减少冲突,为了共同的幸福,就会在一些非原则的问题上,选择妥协,改变自己去适应别人。

每个人都有支配别人的欲望,因为每个人在潜意识里都希望自己扮演的角色是有影响力的。但是,任何改造别人适应自己的行为都只能以失败收场。没有人会像泥人一样,任我们随便搓圆捏扁,我们能掌控的只有自己。如果改变不了别人,那就改变自己吧!

4.艰难的环境既能毁灭人,也能造就人

一位伟人说过:"并不是每一次不幸都是灾难,早年的逆境通常是一种幸运。与困难作斗争不仅磨砺了我们的人生,也为日后更为激烈的竞争准

第六章
改变不了环境,就学会改变自己去适应环境

备了丰富的经验。"高尔基也曾说过:"苦难是最好的大学。"逆境和苦难常常能锻炼人们的意志,一旦具备了像钢铁一般的意志,成功对于他们而言,也是理所当然的事情了。事实上,每一位杰出人物的成长道路都不是一帆风顺的。正是他们善于在艰难困苦中向生活学习,磨砺意志,才得以在险峭的山崖上扎根成长为最伟岸挺拔的大树,昂首向天。

大约在两个半世纪以前,在法国里昂的一个盛大宴会上,来宾们就一幅绘画到底是表现了古希腊神话中的某些场景,还是描绘了古希腊真实的历史画面,彼此间展开了激烈的争论。看到来宾们一个个面红耳赤,吵得不可开交,气氛越来越紧张,主人灵机一动,转身请旁边的一个侍者来解释一下画面的意境。

这是一位地位卑微的侍者,他甚至根本就没有发言的权利,来宾们对主人的建议感到不可思议。结果却大大出乎人们的意料,这位侍者的解释令所有在座的客人都大为震惊,因为他对整个画面所表现的主题作了非常细致入微的描述。他的思路非常清晰,理解十分深刻,而且观点几乎无可辩驳。因而,这位侍者的解释立刻就解决了争端,所有在场的人无不心悦诚服。大家对侍者一下子产生了兴趣。

"请问您是在哪所学校接受教育的,先生?"在座的一位客人带着极其尊敬的口吻询问这位侍者。

"我在许多学校接受过教育,阁下,"年轻的侍者回答说,"但是,我在其中学习时间最长,并且学到东西最多的那所学校叫做'逆境'。"

这个侍者的名字叫做让·雅克·卢梭。他的一生确实都是在逆境中度过的。早年贫寒交迫的生活,使得卢梭有机会成为一个对整个社会的方方面面有着深刻认识的人,尽管他那时只是一个地位卑微的侍者。然而,他却是那个时代整个法国最伟大的天才,他的思想甚至对今天的生活仍有着重要的影响。让·雅克·卢梭的名字,和他那闪烁着人类智慧火花的著作,就像暗夜里的闪电一样照亮了整个欧洲。

这一切伟大成就的取得,莫不得益于那所叫"逆境"的学校。

☑ 适应力——你可以不怕改变

"逆境"是最为严厉最为崇高的老师,它用残酷的方式教育出最杰出的人物。人要获得深邃的思想,或者想取得巨大的成功,就要善于从艰难穷困中摒弃浅薄。不要害怕苦难,不要鄙夷不幸。往往不幸的生活造就的人才会更加深刻、严谨、坚忍并且执著。

很多年轻人也许都心存愤懑,也许都在抱怨命运的不公平,抱怨环境对自己的不利影响,那么,了解一下英国著名作家威廉姆·科贝特当年如何学习的事,一定能让你停止这类的抱怨。

科贝特回忆说:"当我还只是一个每天薪俸仅为6便士的士兵时,我就开始学语法了。我铺位的边上,或者是专门为军人提供的临时床铺的边上,成了我学习的地方。我的背包也就是我的书包。把一块木板往膝盖上一放,就成了我简易的写字台。在将近一年的时间里,我没有为学习而买过任何专门的用具。我没有钱来买蜡烛或者是灯油。在寒风凛冽的冬夜,除了火堆发出的微弱光线之外,我几乎没有任何光源。而且,即便是就着火堆的亮光看书的机会,也只有在轮到我值班时才能得到。为了买一只钢笔或者是一叠纸,我不得不节衣缩食,从牙缝里省钱,所以我经常处于半饥半饱的状态。"

"我没有任何可以自由支配的用来安静学习的时间,我不得不在室友和战友的高谈阔论、粗鲁的玩笑、尖利的口哨声、大声的叫骂等等各种各样的喧嚣声中努力静下心来读书写字。要知道,他们中至少有一半以上的人是属于最没有思想和教养、最粗鲁野蛮、最没有文化的人。你们能够想像吗?"

"为了一支笔、一瓶墨水或几张纸我要付出相当大的代价。每次,揣在我手里的用来买笔、买墨水或买纸张的那枚小铜币似乎都有千钧之重。要知道,在我当时看来,那可是一笔大数目啊!当时我的个子已经长得像现在这般高了,我的身体很健壮,体力充沛,运动量很大。除了食宿免费之外,我们每个人每周还可以得到两个便士的零用钱。我至今仍然清楚地记得这样

第六章
改变不了环境,就学会改变自己去适应环境

一个场面,回想起来简直就是恍如昨日。有一次,在市场上买了所有的必需品之后,我居然还剩下了半个便士,于是,我决定在第二天早上去买一条鲱鱼。当天晚上,我饥肠辘辘地上床了,肚子在不停地咕咕作响,我觉得自己快饿晕过去了。但是,不幸的事情还在后头,当我脱下衣服时,我竟然发现那宝贵的半个便士不知道在什么时候已经不翼而飞了!我一下子如五雷轰顶,绝望地把头埋进发霉的床单和毛毯里,就像一个孩子般伤心地嚎啕大哭起来。"

但是,即便是在这样贫困窘迫的不利环境下,科贝特还是坦然乐观地面对生活,在逆境中卧薪尝胆、积蓄力量,坚持不懈地追求着梦想和成功。

科贝特后来成为了著名的作家。艰难的环境不但没有消磨他的意志,反而成为他不断前进的动力。他说:"如果说我在这样贫苦的现实中尚且能够克服艰难、出人头地的话,那么,在这世界上还有哪个年轻人可以为自己的庸庸碌碌、无所作为找到开脱的借口呢?"

读到这里,你是否感觉到心灵一震?如果你想出人头地的话,就让一切借口和抱怨都见鬼去吧!

卢梭和科贝特,出身都贫穷艰难,然而,真正杰出的人物,总是能突破逆境,崛起于寒微。艰难的环境既能毁灭人,也能造就人;不过,它毁灭的是庸夫,而造就的往往是伟人!

5.一个人的成就与他战胜困难的能力成正比

当你足够强大,困难和障碍就会变得微不足道;如果你很弱小,障碍和困难就显得难以克服。

向困难屈服的人必定一事无成。很多人不明白这一点,一个人的成就

适应力——你可以不怕改变

与他战胜困难的能力是成正比的。他战胜越多,取得的成就就越大。

成就平平的人往往是善于发现困难的"天才",善于在每一项任务中发掘出困难所在。他们莫名其妙地担心,丧尽行动的勇气。他们发现了困难,并且为困难所击败。

他们善于夸大困难,缺少必胜的决心和勇气。即使为了取得成功,也不愿牺牲一点点安乐和舒适作为代价。总是希望别人能够帮助他们,给他们支持。

如果机遇总是不曾垂青他、他总是找不到自己喜欢做的事,就安慰自己不是环境的主人,所以不得不向困难低头,因为他没有足够的力量。

那些只看到困难的人有一个致命弱点,就是没有坚强的意志去克服种种障碍。他没有下定决心去完成艰苦工作的意愿。他渴望成功,却不想付出代价。他习惯于随波逐流,浅尝辄止,贪图安乐,胸无大志。

这些人似乎带着一副有色眼镜。除了困难什么也看不见。他们前进的路上总是充满了"如果"、"但是"、"或者"和"不能"。

他们认为,去争取获得一个著名公司招聘的职位是毫无希望的。因为当他去申请的时候,已经有数百个申请者递交了申请书。失业者如此之多,他怎么可能得到工作呢?如果他有一份工作,他会觉得许多同事都做得比他好,更得老板赏识,他要晋升存在很大的障碍。

有一个年轻人哀叹他没有机会,抱怨命运注定让他平庸,他自己永远都不可能开创自己的事业,而只能为别人打工。这样的人最大的一个特点就是处处看到不可征服的困难。他告诉别人说,如果别人能帮助他开办一个企业,他一定能取得成功。这样的年轻人,是不太可能成功的,因为他不具备成功的品质。他承认他不能泰然自若地面对危机,他承认自己软弱,他承认在面对困难时自己显得无能为力,而别人却能克服这些困难。

另一个年轻人说,他渴望受教育,渴望上大学,但他没钱,没有一个富翁爸爸,他自己无法供自己上学。这个年轻人其实并不是真的渴望求学,他只是想不劳而获。有的年轻人知道自己追求什么,却畏惧成功道路上的困难。他把一个小困难想象的比登天还难,一味悲观叹息,直到失去克服困难的机会,一次又一次地陷入恶性循环中,最终一事无成。

意志坚定、行动积极、决策果断、目标明确的人能够排除万难,勇敢地向着自己的目标前进。成就大业的人,面对困难时从不犹豫徘徊,从不怀疑是否能战胜困难,他们总是能紧紧抓住自己的目标,坚定地认为自己的目标是伟大而令人兴奋的,他们会作坚持不懈地努力,直到取得成功。

6.突出优点,正视缺陷,善于自我定位

对于一个人来说,缺陷确实是一件非常残酷的事情,但你不能因此自卑消沉。既然缺陷无法改变,那么就更要正视它,把它当做前进的动力。这样一来,缺陷也就有了价值,你的自我定位才不会受到它的干扰。

"假如我能站起来吻你,这个世界该有多美啊!"

这是张海迪对自己的丈夫说过的一句话。是的,假如"我能站起来吻你,这个世界该有多美啊"!可是,张海迪不能站起来了,命运让她坐在轮椅上度过她的一生。那么,在张海迪的眼里,这个世界就不美了吗?不是的,在张海迪的眼里,这个世界依然美丽,只是自己只能坐在轮椅上欣赏这个世界的美丽。缺憾留在心里并不妨碍她笑对世间的心情。她有一个爱她的丈夫,有一个令许多健全人都羡慕的温馨的家。她不会因为自己的残疾逃避世人的目光。相反,她更注重与人的沟通。她会让别人给她倒水、会让人帮她拿放在高处的东西、会让人推着她出席各种活动。做这些的时候,她丝毫不会觉得自己很自卑、羞于见人。所以,她活得洒脱、活得幸福。

幼时的张海迪与常人无异,她也爱唱、爱跳、爱玩、爱闹。但不幸在她5

适应力——你可以不怕改变

岁时降临了。那时,她被确诊为脊髓血管瘤,经过了多次脊椎穿刺之后,病情仍不见好转。

1973年全家人从农村返回莘县县城,那时的张海迪最想要的就是工作,她盼望能早日成为自食其力的人,但由于身体条件所限,张海迪一直待业在家。为此,她曾给党中央、国务院、省委写信,请求他们关心一下残疾人的生活与工作,可是一封封信都石沉大海,一点音讯也没有。深深的自卑感困扰着她,特别是当她无意间发现了自己的病历卡,"脊椎胸五节,髓液变性,神经阻断,手术无效"赫然映入眼帘时,张海迪萌发了轻生的念头。

但在家人的帮助下,张海迪的情绪逐渐稳定了下来。

冷静思考之后,张海迪学起了针灸、诊断以及医学并为周围的人治病。在不断的学习和帮助他人的过程中,她看到了自己的价值,并从自卑的阴影中走了出来,最终活出了自信和光彩。

美国的国会议员爱尔默·托马斯曾说:

我15岁时,常常为忧虑恐惧和一些自卑所困扰。比起同龄的少年,我长得实在太高了,而且瘦得像支竹竿。我有6.2英尺高,体重却只有118磅。除了身体比别人高之外,在棒球比赛或赛跑各方面都不如别人。他们常取笑我,封我一个"马脸"的外号。我的自卑感特强,不喜欢见任何人,又因为住在农庄里,离公路远,也碰不到几个陌生人。我们的农庄离公路还有半英里远,平常我只见得到父母及兄弟姐妹。

如果我任凭烦恼与自卑占据我的心灵,我恐怕一辈子也无法翻身。一天24小时,我随时为自己的身材自怜,别的什么事也不能想。我的尴尬与惧怕实在难以用文字形容。我的母亲了解我的感受,她曾当过学校教师,因此告诉我:"儿子,你得去接受教育,既然你的体能状况如此,你只有靠智力谋生。"

可是父母无力送我上学,我必须自己想办法。我利用冬季捉到一些貂、浣熊、鼬鼠类的小动物,春天来时出售得了4美元。再买回两头猪,养大后,第二年秋季卖了40美元。用这笔钱,我到印地安那州去上师范学校。住宿费一周1.4美元,房租每周0.5美元。我穿的破旧衬衫是我妈妈做的(为了

第六章
改变不了环境,就学会改变自己去适应环境

不显脏,她有意用咖啡色的布),我的外套是父亲以前的,他的旧外套、旧皮鞋都不合我用,皮鞋旁边有条松紧带,已经完全失去了弹性,我穿着走路时,鞋子会随时滑落。我没有脸去和其他同学打交道,只有整日在房间里温习功课。我内心深处最大的愿望是有一天能在服装店买件合身而体面的衣服。

想想当时爱尔默·托马斯面临的处境是多么悲惨,生理的缺陷和生活的贫穷同时困扰着他。但托马斯没有消沉,在克服了自卑之后他的人生之路越来越顺利,50岁那年,托马斯成为了俄克拉荷马州的国会议员。

仔细研究那些有成就者的事业,不难发现,他们之中有许多人之所以成功,是因为他们开始的时候就遇到了一些阻碍他们发展的缺陷,促使他们加倍地努力以期得到更多的报偿。正如威廉·詹姆斯所说的:"我们的缺陷对我们有意外的帮助。"

不错,很可能密尔顿就是因为眼睛看不见了,才下决心写出更好的诗篇来;而贝多芬则因为耳朵聋了,才发誓作出更好的曲子;海伦·凯勒之所以能有光辉的成就,很大程度是因为她听不见看不见,才促使她加倍努力奋斗。

"如果我不是有这样的残疾,"那个创造生命科学基本概念的人写道,"我也许不会做到我所完成的这么多工作。"达尔文坦白承认他的残疾对他有意想不到的帮助。

在现实之中,我们不能不承认自己在某些方面"确不如人",这是再正常不过的事。

但是,这种现实的差距并不能决定一切,更不应把这种差距当做给自己定位很低的借口。

在失败与成功之间,在自卑与自信之间,其实仅有一步之遥。任何选择上的错误都有可能造成一种无法弥补的事实——永远失败。

我们每个人都不是完美的化身,都有各自的缺陷,但我们也有自己突出的优点。发挥你的优点,正视你的缺陷,正确地自我定位!

适应力——你可以不怕改变

7.打破劣势局面,创造新的优势

　　这世上的每件事都存在着两面性,所以有时看似完美的事,未必就代表着圆满;反之,想起来有所缺憾的事,有时可能从另一方面会带给人意想不到的惊喜以及收获。用西方人的话说就是:"当上帝对你关上一扇门的时候,定会为你开一扇窗。"

　　国王有七个女儿,这七位美丽的公主是国王的骄傲。她们那一头乌黑亮丽的长发远近皆知。国王送给她们每人一百个漂亮的发夹。

　　有一天早上,大公主醒来,一如往常地用发夹整理她的秀发,却发现少了一个发夹,于是她偷偷地到二公主的房里,拿走了一个发夹。

　　二公主发现少了一个发夹,便到三公主房里拿走一个发夹;三公主发现少了一个发夹,也偷偷地拿走四公主的一个发夹;四公主如法炮制拿走了五公主的发夹;五公主一样拿走六公主的发夹;六公主只好拿走七公主的发夹。于是,七公主的发夹只剩下了九十九个。

　　隔天,邻国英俊的王子忽然来到皇宫,他对国王说:"昨天我养的百灵鸟叼回了一个发夹,我想这一定是属于公主们的,这真是一种奇妙的缘分,不晓得是哪位公主丢了发夹?"

　　公主们听到这件事,都在心里说:"是我丢的,是我丢的。"

　　可是她们头上明明完整地别着一百个发夹,所以都懊恼得很,却说不出。只有七公主走出来说:"我丢了一个发夹。"

　　话才说完,七公主一头漂亮的长发因为少了一个发夹,全部披散了下来,王子不由地看呆了。故事的结局,当然是王子与七公主从此一起过着幸福快乐的日子。

第六章
改变不了环境,就学会改变自己去适应环境

如果说前六位公主的一百个发夹代表着一种圆满、完美的人生,那么七公主少了一个,她的人生也就等于有了缺憾,但是事实上,得到幸福的是她。正因为这种缺憾的存在,让未来充满了无限的可能性与未知,这未尝不是一件值得开心的事。

其实,哪有没有缺憾的人生,问题只在于不同的人,用不同的心态去面对,而结果也将完全不同。世上的事常常不止有一种答案,对于很多事的判断都不能简单地归结为这个好,那个不好。在我们日常的生活和工作中,由于长期以来所受的教育和固有的观念,遇见各种情况总是以别人为参照物,首先检查我有什么地方没有做好,分析自己的缺点和瑕疵,然后信誓旦旦下定决心,下次一定改正,做得和别人一样。但是,问题随之而来,当我们做得和别人一样时,是不是真的代表做到最好了呢？又是不是真正适合自己呢？

"金无足赤,人无完人",既然每个人都有他的缺点、缺陷,那么,我们何不忽略这一切,或是索性将所有的欠缺化作特色,活出自己的棱角和个性,演绎出自己的那份精彩。当你拥有了这样的心态时,其实也就等于拥有了处事的精炼豁达以及宠辱不惊。无谓去抱怨上天没有把我们塑造得完美无缺、无懈可击,因为完美并不意味着"一切都会好",相反,缺憾也不意味着不能获得成功、获得美好人生。凡事是没有绝对的,忽略缺陷而不断努力,别人最终只会看见你的成就。

人们常说的一句话是：失败并不可怕,可怕的是自己不敢面对失败。而对于缺陷,我们要说的是：有缺陷并不可怕,可怕的是一个人总也忘不了自己的缺陷,总是不断自我提醒,放在心上,而不懂得回避它、忽略它,乃至遗忘它。

我们所处的这个时代,常常是一个以结果论英雄的时代。这并不纯粹是一种功利的现象,也是因为在忙碌繁华、高速运转的城市中,每个人都希望并都努力创造着自己的那片天空,搭建着自己的那座舞台。大家的时间都是有限的,并不会总是留心别人,更不会时时留意你的缺陷,人们只会对于你在生活和工作中最终所展现的才华和能力叹息或喝彩。

适应力——你可以不怕改变

"台上一分钟,台下十年功",换个角度理解也就是说,台下你所做的,别人是看不见的,人们所关注的只是你在台上所表现出的能力和成果。台下不为人知的一面,包括你的不足和缺陷、你克服它们的过程,只要你自己不总是提起,旁人也不会提起,你在台上的精彩才是最重要的。

美国前总统富兰克林·罗斯福在8岁时是一个非常脆弱胆小的男孩,他脸上的表情总是惶恐的,他的呼吸就像跑步后的喘气一样。一旦他被老师叫起来回答问题,立即就会双腿发抖,嘴唇不停颤动,回答得也含糊不清,最后只能重新坐下来。此外,因为长有一口龅牙,他也不讨人喜欢。

换做其他的孩子,一定会对自身的缺陷十分敏感。但富兰克林·罗斯福却从不自哀自怨,他依然保持着积极乐观的心态和奋发进取的渴望。他的自信激发了他无限的奋斗精神,天生的缺陷促使他明白自己更应该努力奋斗。

他从不因为同伴的嘲笑而减少勇气,他喘气的习惯逐渐变成坚定的声音,他努力咬紧牙床不让嘴唇颤动,他用坚强的意志克服着自己的紧张。他不因自己的缺陷而气馁,甚至加以利用爬到成功的巅峰。就是凭着这种奋斗精神,凭着这种积极的心态,他终于成为了美国总统。

在他晚年的时候,已经没有人再关注他曾有过的严重缺陷了。他用自己的人格魅力赢得了美国民众的爱戴,成为了美国第一位最得人心的总统,而这种情况在美国的历史上前所未有。

罗斯福用他的骄傲和成就,彻底战胜或是说摆脱了自己的先天缺憾,就像经典电影《阿甘正传》中的男主角一样,他确有他不如人的地方,但他因缺憾所产生的独特性却也是非常珍贵的,并且,抛去缺憾不提,在他所擅长的领域,他甚至做得比一般人更加出色。

在大体相同的情况下,两个美国男人都聪明地选择了不去刻意修补自己的缺陷,甚至把缺陷作为动力、优势,阿甘克服了腿脚的缺陷,靠奔跑改变了命运,靠奔跑做出了许多不可思议的壮举;罗斯福则因为这份天生的

第六章
改变不了环境，就学会改变自己去适应环境

缺憾，促使他比别人付出更大的努力，去赢得别人的尊重和赞赏。而当他们都做到了他们想做的，并取得了骄人的成就后，曾经的缺憾也从此变得不再重要了，人们看见的只是他们头顶笼罩的光环。

掌握局势，突破局限性，才能形成新的优势。在把劣势转化为优势的过程中，需要智慧，不能盲目，但同时非常重要的一点是，你要非常熟悉你所在的环境以及背景，甚至要做到眼观六路，耳听八方，综合各种因素条件。只有对全局有通透、全面地了解，你才能知道什么是目前社会所缺乏的稀有资源，也就是什么是优势，才能把握好时间和空间的各种客观要素，最大限度地把劣势转化成优势。

当一个人面对困境、危难的时候，学会把劣势转化为优势尤为关键，往往能够令人绝处逢生，平稳地渡过难关。

当阿诺德·施瓦辛格成为一名职业演员的时候，他有一个弱点：浓重的奥地利口音。这本来是一个弱点，但是当奥地利口音和他扮演的动作英雄的魅力混合在一起出现在屏幕上的时候，他的弱点就变成了优点。口音成为他所塑造人物的一个特征，人们也纷纷仿效。

美国电视台的一个节目中曾有一名杰出的踢踏舞舞者，他被称为"木腿贝茨"。贝茨在早年失去了一条腿，这样的缺陷会令大部分人放弃成为职业舞者的梦想。但是对于贝茨来说，失去一条腿不是他的缺陷，因为他把这种弱势变成了一种优势。他把一个踢踏板安装在木腿的底部创造出一种切分音式的踢踏舞风格，使他在演出中脱颖而出。

基金募集大师迈克尔·巴斯奥福，因为将不被看好的成员，发展成为最好的基金募集人而震惊西方世界。他知道弱点可以转化为优点。比如说，如果基金会有一个"害羞"的秘书和他一起工作，他就会让那位"害羞"的秘书成为"最佳的倾听者"。很快的，捐赠的人都迫不及待地要同这位害羞的员工谈话，因为她是一个绝佳的倾听者，她让说话的人感到自己非常重要。

美国励志大师史蒂克·钱德勒早年的一个弱点是具有同别人谈话的障碍。他对自己同别人交谈的能力没有自信，因此养成了给别人写信和写便

适应力——你可以不怕改变

条的习惯。熟能生巧,过了一段时间,他成了写信和写便条的高手,他把弱点转化成了另一种力量,他写的信和便条有效拓展了他的关系网。

我们的所有弱点都是可以转化的,只要用足够的时间来思考它。一旦我们真正开始正视自己的弱点,弱点就很可能变为长处,种种创新的可能性将不断地涌现出来。

任何人只要愿意控制自己的弱点,愿意接受积极思想,就能够使自己的弱点发生变化。

畅销书作家兼名嘴傅佩荣在上小学时,隔壁搬来的新邻居家中的小孩说话口吃,他觉得好玩就跟着说,没想到自己因此而成为严重的口吃者。

那时候,傅佩荣上课很害怕被老师叫起来回答问题,每次总是面红耳赤,支支吾吾地说不出半个字,因而惹得全班哄堂大笑。别的班的小朋友知道了,还捉弄他邀他去他们班上演讲。

为了维护自尊,傅佩荣非常认真地念书,用功课来弥补口吃的缺憾。他说:"人生不能没有考验,口吃的毛病曾让我非常自卑,却也同时启发了我,在其他地方证明自己的价值。"

从小学三年级到高中,傅佩荣就这样生活在口吃缺点的阴影下,直到高二时才去参加口吃矫正班,慢慢地学习说话技巧,而一直到在耶鲁大学念完了博士,他才彻彻底底改掉了口吃的毛病。

傅佩荣在不断克服自己口吃的缺点的同时,努力提高自己的学识和修养,终于成为名嘴。

每一个人都有弱点。不同的是,一般人让弱点成为羁绊,一事无成;成功者却能克服、甚至开发自己的弱点,把弱点转化为优点。世界是公平的,绝不会因为一个人身体有缺陷而剥夺他的成功与幸福,也不会因为一个人性格的腼腆而掩盖他的荣耀和风采。每个人都有着相同的机会,就看我们是否有信心、有毅力去把握它。

那么,要怎样来克服自己的弱点,使自己的整体素质得到提高呢?

1)克服弱点首先要学会如何正确看待自己的弱点。我们不能将自己的弱点与自我想象的弱点混为一谈。大多数有自卑感的人总是把注意的焦点放在自己的弱点上,对不重要的事也把它夸大了来考虑,以为每个人都在注意这些,而实际上并不是如此。

一些人强调自己性格上的弱点,然后又费尽心机证明,"因为这个弱点,所以不能成功"。要解决这个问题,就必须先认识到我们每个人都能成功、快乐和坚强。一旦我们选择突出自己的长处和优点,自卑感便会消失,一种强有力的能力便会取代我们的缺陷和弱点。

2)积极的心态,往往能使一个人将自己的弱点转化为最强的部分。这种转化的过程有点类似焊接金属,如果金属破裂,经过焊接后,它反而会比原来的金属更加坚固。这是因为,高度的热力使金属的分子结构更为严密了。

3)克服弱点要防止气馁。我们性格中有一种普遍的弱点便是气馁。气馁必然导致失败,但如果我们能多坚持,多努力,结果可能会完全不同。

8.居安思危,不断学习才能跟上时代潮流

先看这样一个故事,一只野狼卧在草上勤奋地磨牙,狐狸看到了,就对它说:"天气这么好,大家都在休息娱乐,你也加入我们的队伍中吧!"野狼没有说话,继续磨牙,把它的牙齿磨得又尖又利。狐狸奇怪地问道:"森林这么静,猎人和猎狗已经回家了,老虎也不在近处徘徊,又没有任何危险,你何必那么用劲磨牙呢?"野狼停下来回答说:"我磨牙并不是为了眼前的危险。你想想,如果有一天我被猎人或老虎追逐,到那时,我想磨牙也来不及了。而平时我就把牙磨好,到那时就可以保护自己了。"

适应力——你可以不怕改变

做事未雨绸缪，居安思危，这样在危险突然降临时，才能应付自如，不至于手忙脚乱。要不断充实自己，时代发展的这样迅速，不想被时代淘汰，就必须不断地学习新知识，才能让自己跟上时代的步伐。

在一个漆黑的晚上，首领带领着小老鼠们出来觅食。在一家人的厨房内，垃圾桶之中有很多剩余的饭菜。对于老鼠来说，就好像人类发现了宝藏。

正当一大群老鼠在垃圾桶及附近范围大挖一顿之际，突然传来了一阵令它们肝胆俱裂的声音，那是一只大花猫的叫声。它们震惊之余，各自四处逃命。但大花猫毫不留情，不断穷追不舍，终于有两只小老鼠躲避不及，被大花猫捉到，正要将它们吞噬之际，突然传来一连串凶恶的狗吠声，令大花猫手足无措，狼狈逃命。

大花猫走后，老鼠首领施然从垃圾桶后面走出来说："我早就对你们说过，多学一种语言有利无害，这次我就因而救了你们一命。"

多学一些知识有百利而无一害，等到关键的时候，你就会发现，知识的力量是无穷大的。当你身处困境，就像上面故事中一样，它会帮你安然度过。

人生就是需要不停地学习的，"桥吊专家"许振超说过一句话："一个人可以没有文凭，但不可以没有知识；可以不进大学殿堂，但不可以不学习。"

愈学习，愈发现自己的不足。也惟有不断的学习，才能提升自己的修养和素质、工作的知识和广泛的常识。通过学习，可以总结经验、吸取教训，以应对变幻莫测的社会。

不论你是做什么工作的，只要身在其位，就要做得比其他人更专、更精。熟读钻研相关的专业知识和技能技巧，研究类似的工作。同时，还要经常保持完善工作和自我提高的欲望。

学习的内容亦不应局限于某一方面，做到广泛涉猎，去芜存菁。大至修

第六章
改变不了环境,就学会改变自己去适应环境

心养性、小至生活常识,只有预先打下坚实基础,才能在工作中得心应手。

如果你在工作中感到困难,这就是你的能力不足;如果觉得麻烦,就是方法没用对。无论能力不足还是方法不对,解决问题的最终方式就是学习和领悟。

学习不是刻意追求的,而应成为自己生活中的习惯,不能依赖于单位的培训,也不能依赖于外部条件的监督,关键在于内心的认同。

通过学习,你会知道人的潜力是巨大的,很多自认为不可能的事情,通过不断学习,努力追求是可以变成可能的。

有个老人在河边钓鱼,一个小孩走过去看他钓鱼,老人技巧纯熟,所以没多久就钓上了满篓的鱼。老人见小孩可爱,要把整篓的鱼送给他,小孩摇摇头,老人惊异的问道:"为何不要?"

小孩回答:"我想要你手中的钓竿。"

老人问:"你要钓竿做什么?"

小孩说:"这篓鱼没多久就吃完了,要是我有钓竿,我就可以自己钓,一辈子也吃不完。"

可能你会说:"好聪明的孩子。"

可是你说错了,他如果只要钓竿,那他一条鱼也吃不到。因为,他不懂钓鱼的技巧,只要鱼竿有什么用,钓鱼重要的不在"钓鱼的鱼竿",而在"钓鱼的技巧"。

有太多人认为自己拥有了人生道路上的钓竿,再也无惧于风风雨雨,却难免会跌倒于泥泞之地。小孩看老人,以为只要有钓竿就有吃不完的鱼;职员看老板,以为只要坐在办公室,就会有滚滚不尽的财源。其实不是的,他们有足够的智慧,而且也在不断的学习。

人,必须鼓起勇气,不断学习,勇攀座座高峰。生命是罐头,勇气是开罐器,只有握着勇气的开罐器,才能打开生命的罐头,品尝到里面的美味。

你要这样子过一辈子吗?这样的生活能让你实现梦想吗?你想让家人

☑ 适应力——你可以不怕改变

过更好的生活吗？再高级的奔驰汽车都会在后车箱上放置一只备胎，你的人生当中是否已经找好了你的备胎呢？

眼前是一帆风顺，但是如果你可以在得意时先想出退路，你就不必在失意的时候，急急忙忙地去找寻出路……

"想知道一个人会有什么成就，可以看他在晚上的时间在做什么。如果能够善用七点到十点钟的人，他的成就将比一般人高出两倍。"这是日本的经营之神松下幸之助先生曾经说过的一句话。也曾经有人说过："第一等人，是创造机会的人；第二等人，是把握机会的人；第三等人，是等待机会的人；第四等人，是错失机会的人。"你是第几等的人呢？没有人能够预知明天会怎样，为未来预先准备，是为了明天的路更顺畅。

中国近代史上的风云人物曾国藩建立了自己的不朽功业，但他的天赋却不高。在取得功名之前，有一天曾国藩在家读书，一篇文章重复不知道多少遍了，还是背不下来。这时候他家来了一个小偷，潜伏在他家的屋檐下，希望等曾国藩睡着之后再行动。可是等啊等，就是不见他睡觉，还是翻来覆去地读那篇文章。小偷大怒，跳下梁来说："这种水平还读什么书？"然后将那文章背诵一遍，扬长而去！

小偷是很聪明，至少比曾先生要聪明，但是他只能成为小偷。而曾国藩经过自己的勤奋苦读，却成就了在中国历史上的丰功伟业。伟大的成功和辛勤的付出是成正比的，有一分付出才会有一分收获，日积月累，积少成多，奇迹就可以创造出来。

对一个人来说，才能的养成需要后天的勤奋学习。对一个企业来说，它的竞争力和优势同样在于不断地学习。

通用电气公司(GE)能成长为一家世界顶级的企业，靠的就是不断地学习，不断地以全球公司为师。

在韦尔奇执掌GE的20年里，GE的发展达到了极高的高度，但韦尔奇却

第六章
改变不了环境，就学会改变自己去适应环境

一直强调GE是一个无边界的学习型组织，一直以全球的公司为师。他经常强调说："很多年前，丰田公司教我们学会了资产管理；摩托罗拉推动了我们学习六西格玛管理；思科和Trioloy帮助我们学会了数字化。这样，世界上商业精华和管理才智就都在我们手中，而且，面对未来，我们也要这样不断追寻世界上最新最好的东西，为我所用。"

GE之所以能成为赫赫有名的"经理人摇篮"、"商界的西点军校"，能有超过三分之一的CEO都是从这家公司中走出，除了严格的人才淘汰体制，最重要的就是这种无边界的学习型组织性质。在这样的组织中，每一个经理人无时无刻不在自觉地精心雕刻自己，从专业知识到职业技能，从管理手段到说话方式，从画好一张表格到接好一个电话、写好一个电子邮件，到日常生活的一点一滴，目的就是随时能够接受更高的挑战。正是因为坚持不断的学习，才使GE能以最好的姿态和实力去迎接市场的挑战，从而创下了连续20年盈利的辉煌。韦尔奇的这些管理原则，不但使GE成为强大而备受尊敬的公司，也为管理界留下很好的典范。

在竞争越来越激烈的市场环境下，一个企业只有不断地接收新的资讯、技术和管理理念与方法，才能常为常新，确保取得竞争的胜利。而要做到这一点，不断地学习是最重要也是最佳的途径。

据权威机构统计，目前美国排名前25的企业中，有80%按照"学习型组织"的模式在改造自己；世界排名前100的企业中，有40%按"学习型组织"的模式在进行彻底改造。在它们中间，英国最大的汽车制造厂商Rover做得尤为出色。

20世纪80年代晚期，Rover陷入了自己发展的困境之中：内部管理混乱，产品质量江河日下，劳资矛盾恶化，员工士气低落，每年的亏损超过一亿美元。在许多人看来，公司的前景一片黯淡。而仅仅是几年之后，Rover摇身一变成为了全球最富生命力的汽车制造厂商之一，汽车全球销量几乎扩大了一倍。产品的质量也极为优异，几乎囊括了业界所有的质量奖。它的豪

适应力——你可以不怕改变

华系列车型一跃成为新的"马路之皇",而Rover600则跻身世界最畅销的汽车排行榜。在北美和亚洲,其产品供不应求。到1996年,年产汽车达到500多万辆,销往全球150多个国家和地区,年销售额超过80亿美元。在全球汽车市场刚刚复苏的1993-1994年,Rover的销售额竟增长了16%!不仅一举扭转了巨额亏损,而且盈利颇丰,人均创收增长了4倍!与此同时,员工的满意度和生产率也创历史新高,并且持续高涨。这与几年前的境况简直天差地别,为什么?

Rover重振雄风的秘诀,就在于公司领导层致力于让公司成为学习型组织的努力。20世纪80年代末期,格林汉·戴维被任命为Rover集团董事会主席。上任伊始,他就深切地感受到全球汽车业动荡的环境给Rover带来的巨大压力:日益激烈的全球竞争、新技术日新月异、高素质人才的匮乏以及顾客对产品的挑剔等等。戴维和其他高层管理者认为,面对群雄纷争的全球汽车市场,Rover这只小鱼如果游不快,就会葬身鱼腹。因此,只有奋力拼搏,才有望在激烈的市场竞争中得以生存和发展。凭着对企业的透彻了解和远见卓识,戴维先生认为,除了成为学习型组织,不断充实和更新自己外,Rover别无选择。正是在戴维的领导之下,Rover对旧体制进行了彻底的改造,使公司一变而成为了全新的学习型组织,从而实现了自己业绩的飞跃。

据有关机构的统计研究,大型企业的平均寿命不及40年。总结正反两方面的经验,人们发现,大部分公司失败的原因在于组织学习的障碍。对一个企业来说,在竞争激烈的市场中,比竞争对手学得更快的能力是唯一持久的竞争优势。只有在学习中,才能全面提升竞争力,建立市场优势,使企业立于不败之地。

学习是一生的事情,周恩来总理曾说过"要活到老学到老"。一个不断追求知识、超越自己的人才会永远年轻,生命才更有意义。不管我们的人生位置至高无上抑或低微无比,只要执著地付出,坚持不懈地追求,相信我们每个人都能够焕发出自身的风采!

第六章
改变不了环境,就学会改变自己去适应环境

9.与其不尝试而失败,不如尝试了再说

生活中伟大的成功者在机遇降临时,总愿放手一搏。我们的一生中,在某些时候,我们必须采取勇敢的行动,大胆去尝试,敢于冒险,惟有如此,才不会错失良机。

敢于冒险,不要惧怕失败

不论何时,只要尝试做事的新办法,可能就会在不知不觉中把自己推向冒险之途。假如你致力于改良事物的现状,就不得不欣然去冒险。用罗斯福总统夫人伊莲娜的话说就是:我们必须去做自以为办不到的事。

成功者最大的特点就是,具有用新的点子做实验及冒险的意愿。进取的人和普通人最明显的差别就在于:进取的人在态度上勇于冒险,且具新观念,能鼓舞他人去从事一无所知的事物,而不是贪图安逸。他们之所以敢于冒险,是因为有冒险力的驱动。冒险,一定要有足够的勇气及资本,所谓的资本就是指冒险力。光凭第六感觉或运气是没有办法安然渡过大大小小的风险的。如果一切都在计划之内、意料之中,也就算不上什么冒险了。冒险力会在前途未知的复杂情势下,发挥它的神奇魔力。

说到冒险精神,人们就会联想到发现美洲新大陆的哥伦布。

哥伦布还在求学的时候,偶然读到一本毕达哥拉斯的著作,知道了地球是圆的,他就牢记在脑子里。经过很长时间的思索和研究后,他大胆地提出,如果地球真是圆的,他便可以经过极短的路程而到达印度了。自然,许多自以为有常识的大学教授和哲学家们都嘲笑他的意见。他们觉得,他想向西方行驶而到达东方的印度,岂不是痴人说梦吗?他们告诉他,地球不是圆的,而是平的,然后又警告道,他要是一直向西航行,他的船将驶到地球

适应力——你可以不怕改变

的边缘而掉下去……这不是等于走上自杀之路吗？

然而，哥伦布对这个问题很有自信，只可惜他家境贫寒，没有钱让他去实现这个理想。他想从别人那儿得到一点资助，助他成功，但一连空等了17年，还是失望，所以，他决定不再向这个"理想"努力了。因为使他忧虑和失望的事情太多了，竟使他的红头发也完全变白了——虽然当时他还不到50岁。

灰心的哥伦布，这时只想进西班牙的修道院，去度过后半生。正在这时候，罗马教皇却怂恿西班牙皇后伊莎贝露资助哥伦布。教皇先送了65元给哥伦布，算是路费；但他自觉衣服过于褴褛，便用这些钱买了一套新装和一匹驴子，然后启程去见伊莎贝露，沿途穷得竟以乞讨糊口。皇后赞赏他的理想，并答应赐给他船只，让他去从事这项冒险工作。令人为难的是，水手们都怕死，没人愿意跟随他同行。于是哥伦布鼓起勇气跑到海滨，捉住了几名水手，先向他们哀求，接着是劝告，最后用恫吓手段逼迫他们去。另一方面他又请求女皇释放了狱中的死囚，并许诺他们如果冒险成功，就可以免罪恢复自由。

1492年8月，哥伦布率领3艘船，开始了一次跨时代的航行。刚航行几天，就有两艘船破了，接着他们又在几百平方公里的海藻中陷入了进退两难的险境。他亲自拨开海藻，才得以继续航行。在浩瀚无垠的大西洋中航行了六七十天，也不见大陆的踪影，水手们都失望了，他们要求返航，否则就要把哥伦布杀死。哥伦布兼用鼓励和高压两种手段，总算说服了船员。

也是天无绝人之路，在继续前进中，哥伦布忽然看见有一群飞鸟向西南方向飞去，他立即命令船队改变航向，紧跟这群飞鸟。因为他知道海鸟总是飞向有食物和适于它们生活的地方，所以他预料到附近可能有陆地。果然，他们很快发现了美洲新大陆。

当他们返回欧洲报喜的时候，又遇上了四天四夜的大风暴，船只面临沉没的危险。在这危急的时刻，他想到的是如何使世界知道他的新发现，于是，他将航行中所见到的一切写在羊皮纸上，用腊布密封后放在桶内，准备在船毁人亡后，使自己的发现能够留在人间。

第六章
改变不了环境,就学会改变自己去适应环境

哥伦布他们很幸运,最终脱离了危险,得以胜利返航。无须赘言,哥伦布如果没有不怕困难、不怕牺牲、勇往直前的进取精神,"新大陆"能被早日发现吗?

哥伦布的探险成功了

哥伦布那种勇敢无畏和百折不挠的精神,是我们学习的榜样。当水手们畏惧退缩的时候,只有他勇往直前;当水手们"恼羞成怒"警告他再不折回,便要叛变杀了他时,他的答复还是那一句话:"前进啊!前进啊!前进啊!"

看看哥伦布,再看看我们自己,我们没有任何理由不去修正自己,以便建立起敢于打破传统框架、勇于去冒险的坚定信念。然而,可悲的是,固守传统观念的中国人,崇尚"稳中求胜",认为"凡人世险奇之事,绝不可为。或为之而幸获其利,特偶然耳,不可视为常然也。可以为常者,必其平淡无奇,如耕田读书之类是也"。可是,随着时代的发展,这种思想已明显落伍。许多机遇,往往存在于危险之中,你想抓住机遇吗?你想要事业成功吗?那就要敢冒风险,勇敢去探索、去创造,不要瞻前顾后,更不要惧怕失败。

敢于冒险是智者的特质

中国古代有一个"完璧归赵"的故事。说的是赵惠文王得到"和氏璧"后,事情很快被秦昭襄王知道了。秦王于是就派使者带了国书去见赵惠文王,说情愿拿出15座城池交换和氏璧。赵王便召集大将军廉颇和其他大臣商议此事,可商量了半天也没有结果。事情之难在于,如果答应秦王,多半是上当而得不到城池;若不答应,又怕秦军来犯。此外,也没有人能担当答复秦王的使者。

这时,宦官长缪贤的门客蔺相如说:"秦国说用城换璧,如果我们不答

适应力——你可以不怕改变

应,那么错在我们;如果我们交了璧而秦不给城,那么错在秦国。依我之见,宁可答应秦国,让他们担当'因不交城而不守信用'的罪名。"

赵王问:"你愿意做使者去秦国吗?"

蔺相如说:"我可以走一趟。秦若交了城,我就把璧留下;秦若不交城,我就把璧完整地带回来。"

于是,蔺相如来到秦都咸阳,向秦王进献了和氏璧。

秦王看完璧,非常高兴,把它传给左右的美人和臣子们观赏,却唯独不提"交城"之事。蔺相如在一旁等了半天,知道秦王没有交城的意思,就上前去说:"大王,此璧有一块瑕疵,请让我指给您看。"秦王不知是计,就把璧交给了他。

蔺相如拿到璧后,后返几步,背靠石柱,怒发冲冠地说:"当初,大王派使者送信来,说是情愿拿15座城来换这块璧,于是赵王诚心诚意地斋戒了五天,然后叫我送来玉璧。可是,大王却态度傲慢,不在朝廷正殿接见我,拿了璧又传给美人,故意戏弄我。我看大王根本没有诚意,所以不得不把璧又拿了回来。大王如果逼我,我就将脑袋和璧同时碰碎在这根柱子上!"说完低头举璧,对着柱子就要撞。

秦王一见,连忙道歉,马上把管图籍的官吏叫来,假装在地图上指指点点,要把某城某城割让给赵国。蔺相如知道,这不过是欺骗,便说:"和氏璧是闻名天下的珍宝。赵王送璧时曾斋戒五日,大王也应斋戒五日,并在大殿上备设隆重的九宾大典,我才敢献上和氏璧。"秦王只好答应,叫人把蔺相如送到住处。当晚,蔺相如派自己的随从人员,穿着破旧的衣裳,怀里藏着和氏璧,从偏僻的小道偷偷地逃回了赵国。

秦王斋戒五日后,果然又设九宾大典接见蔺相如,可当知道蔺相如已派人把璧送回国时,不禁恼羞成怒,立即喝令武士把蔺相如绑了起来。

蔺相如说:"慢!请让我把话说完。天下诸侯谁不知秦国强,赵国弱?如果秦国真的能先割15座城给赵国,赵国绝不会为一块璧而得罪大王。我深知欺骗大王,会受烹刑,就请用刑吧。不过,我的话还请大王三思。"秦王想,即使杀了蔺相如,也得不到和氏璧了,反而破坏了两国的关系,还不如放他

第六章
改变不了环境,就学会改变自己去适应环境

回去。蔺相如凭自己的大智大勇和如簧之舌,终于完璧归赵。

与其说蔺相如是依靠自己的勇敢取得了胜利,还不如说是凭借冒险精神战胜了秦王。

成功意味着冲破平庸,而其中的一条捷径便是——敢于冒险。

敢于冒险,是强者的重要品质,也是成功者的基本特征。开创性的工作总是充满着风险,只有敢于冒险的人,才能在风险面前毫不畏惧;敢于开拓道路,敢于追求平常人不敢追求的目标,也才有可能取得常人所永远无法取得的成就。勇于冒险求胜,你就能比你想象的做得更多更好。在勇于冒险的过程中,平淡的生活会变成激动人心的探险经历,这种经历将不断地向你提出挑战,不断地奖赏你,也会使你永葆活力。

在风险面前胆怯的人,不敢去做前人未曾做过的事,不敢去攀登前人未曾攀登过的高峰,自然也不会体验到冒险的刺激与成功的喜悦,结果只能是碌碌无为,甚至被时代所抛弃。

大部分人习惯停留在所谓的"安全圈"内,无意于任何形式的冒险,惧怕失败,求稳怕乱。平平稳稳地过一辈子,虽然安逸,并且可以保住一个"比上不足比下有余"的人生,但那是一种悲哀而无聊的人生,一个懦夫的人生。其最为痛惜之处在于:自己葬送了自己的潜能。本来可以摘取成功之果,分享成功的最大喜悦,可是却甘愿把它放弃了。与其造成这样的悔恨和遗憾,不如勇敢地闯荡和探索;与其平庸地度过一生,不如做一个敢于冒险的英雄。

所谓"富贵险中求",与风险不沾边的人,想成就一番大事业是很难的。不善于冒险的人也与成功没有机缘。正如一位哲人所说"风险与机遇并存",如果一件事没有风险,那么自然很多的人都去做了,所以这件事肯定也没有什么大价值。成大事者明白,往往风险越大成功的价值也就越高。

不要放弃任何机会

机会来临时不要犹豫,马上行动,这是你走向成功的必经之路。

✓ 适应力——你可以不怕改变

比尔·盖茨说：你不要认为那些取得辉煌成就的人，有什么过人之处，如果说他们与常人有什么不同之处，那就是当机会来到他们身边的时候，立即付诸行动，决不迟疑，这是他们的成功秘诀。

人生中总是有许多机会，但往往稍纵即逝。我们当时不把它抓住，就会永远错失它。

许多成功者之所以取得成功，就是因为他们敢想敢做。

比尔·盖茨正是这样的一个人。我们来看看最初的他是怎样来寻找赚钱的机会的：他在承接信息科学公司的项目成功后，信心大振，又与保罗·艾伦琢磨起了新的赚钱路子。不久，他们成立了一家自己的公司，名为交通数据公司。

他们为什么要办这样一家公司呢？当时，几乎所有市政部门都在使用同一种装置来测量交通流量，这种装置是由一个金属盒子联接一条横跨路面的橡胶管组成的。金属盒中有一盘16轨纸质磁带，当有车从橡胶管上经过时，这台机器就会在磁带上打上0或1这两个二进制代码。这些数字反映出车辆经过的时间和流量。市政部门雇用私人公司将这些原始资料译成信息，以供有关工程师们分析研究。例如，以此来决定何时该亮红灯或绿灯。

原先为市政公司提供服务的私人公司效率低而且要价高，这为盖茨和艾伦提供了竞争取胜的机会。他们用电脑来分析这些磁带数据，然后把结果卖给市政部门，他们比对手既快又便宜。盖茨雇用湖滨中学几个七八年级的学生，把磁带上的数据誊写到电脑卡上，然后盖茨把它输入到电脑里。接下来，他用自己设计的程序将这些数据转换成易读的交通流量表。

当交通数据公司开始正常运转后，艾伦决定制造自己的电脑，以便直接分析磁带数据，这样就可免去手工劳动了。他们聘请了一位波音公司的工程师来协助设计硬件。盖茨拿出360美元，购买了一个英特尔公司的新型8008微处理器芯片。他们将一台16轨纸质磁带阅读器连接到这台电脑上，然后把交通流量记录磁带直接输进去。

与后来的微机相比，这台"土制"电脑是非常原始的，只是勉强能用而

第六章
改变不了环境,就学会改变自己去适应环境

已,还不能保证它不出故障。有一次,盖茨洋洋得意地在餐厅向一位市政官员演示他的交通数据电脑时,机器突然卡了壳。盖茨鼓捣了半天,机器就是不听使唤。那位官员因此失去了兴趣。盖茨觉得很没面子,便向他母亲求援:"告诉他,妈妈!告诉他,它确实能工作!"

盖茨和艾伦利用交通数据公司赚了大约两万美元。但是市政公司并非天天需要进行交通流量分析。因此,这是一种越做越小的生意,公司不会有多大发展前途。当盖茨为交通数据公司招揽生意时,他又萌发了一些新的赚钱计划。不久,盖茨又与埃文斯合作成立了一个"逻辑仿真公司"。

逻辑仿真公司的业务范围包括设计课程表、进行交通流量分析、出版烹饪全书等。盖茨此时的生意经验毕竟还是很稚嫩的,只能说处于摸索阶段。他的公司业务范围如此广,看起来赚钱的机会更多,其实不然,因为这样没有明确的业务范围,自然也没有固定的客户,赚钱必然有限。

1972年5月,在他们结束三年级前夕,湖滨中学校方授权他们设计全校400多名学生的课程表程序。校方希望这套电脑软件可以从秋季72-73学年开始启用。湖滨中学原本是让那位受雇于本校教授数学,并帮艾伦设计过电脑的前波音公司工程师从事这项工作,但不幸的是,此人死于一场坠机事故。于是,这个任务就落到了盖茨和埃文斯肩上。

真是祸不单行,接受任务不到一周,肯特·埃文斯在一次登山事故中不幸遇难。悲痛的盖茨请艾伦来帮助他完成这项工作,他们约定在当年夏天,艾伦放暑假回来后,共同来完成这项任务。

夏天刚开始,盖茨去了华盛顿特区,当了一名众议院服务员。这份工作是他父母通过国会议员布罗克·亚当斯找到的。盖茨很快就显露出他的经商才能。他以每枚5美分的价格买进5000枚麦戈文——伊格尔顿纪念章。当麦戈文把伊格尔顿挤出总统候选人名单时,盖茨就以每枚25美元的价格出售了这些日见稀少的像章,从中赢利几千美元。

当国会夏季休会时,盖茨回到西雅图,与艾伦一起进行设计课程表的工作。他们利用上次同信息科学公司的交易中得到的免费电脑来进行这项程序设计,同时湖滨中学也为设计课程表的电脑支付了费用。任务完成后,

适应力——你可以不怕改变

他们获得了2000美元的酬金。与信息科学公司的那笔交易相比,这只能算是为母校做贡献。当然,这也是盖茨和艾伦愿意做的。后来,他们发财后,为湖滨中学捐了220万美元。还将捐款所建的演讲厅命名为"埃文斯"厅,以纪念那位过早夭折的战友。当然,这已是后话。

课程表软件设计取得成功后,盖茨又继续寻找其他机会赚钱。他给周围的学校发函,表示愿意为它们设计课程表程序,并愿意提供九五折优惠。

他在联络信中说:"我们应用了一种由'湖滨'设计的独特的课程管理电脑系统。我很荣幸地向贵校推荐这一产品。服务上乘,价格优惠——每个学生收费22.50美元。望有机会进一步与贵方商洽此事。"

可惜,他的业务联系并未取得效果,因为不是每个学校都需要这种服务。

后来,比尔·盖茨终于揽到一笔生意——为华盛顿大学实验学院设计一套学籍管理软件。他这笔生意是跟华盛顿大学学生管理协会洽谈的,正好他的姐姐克里斯蒂娜是该协会成员之一。当学校的报社了解到她的弟弟是该项设计的承接人后,便指责管理协会以权谋私。结果,盖茨只从这项设计中赚得很少的钱,大约只有500美元。真可谓"没吃到羊肉,反惹了一身臊"。

盖茨虽然聪明,但以他当时的电脑水平,肯定不会有多了不起,而他赚钱心切的态度,确实很了不起。他毕竟只是个十几岁的中学生,却懂得到处找门路赚钱,发财的欲望如此强烈,焉能不发财?

很多事就是这样,当你有达到某一目的的强烈愿望,并以这种愿望作为行动的内驱力时,就极有可能达到目的。

这是因为,不管是聪明也好,愚蠢也好,都不可能要风得风,要雨得雨;也不可能处处倒霉,步步不顺。如果达成目的的愿望不够强烈,一遇到不顺利,就可能退缩不前,又怎能步入后面的顺境?而具有坚定信念的人,目光盯着自己的目标,不以一时一事动摇自己的决心。这样,当闯过逆境,在顺利时求发展,自然能一步一步走向成功。

同时，上例也告诉我们，敢想敢做敢于尝试，才能取得成功。与其不尝试而失败，不如尝试了再失败，不战而败是一种极端怯懦的行为。如果想成为一个成功者，就必须具备坚强的毅力，以及勇气和胆略。当然，敢冒风险并非等于铤而走险，要建立在对客观现实的科学分析基础之上。顺应客观规律，加上主观努力，力争从风险中获得利益，这是成功者必备的心理素质。

10.坚持下去，上帝会在最后一秒让你成功

机会是一种稍纵即逝的东西，而且机会的产生也并非易事，因此不可能每个人什么时候都有机会可以把握。机会还没有来临时，最好的办法就是：等待、等待、再等待。在等待中为机会的到来做好准备。耐心等待机会，你会在意想不到中获得成功。

传说，有两个人偶然与酒仙邂逅，一起获得了神仙传授的酿酒之法：米要端阳那天饱满起来的，水要冰雪初融时的高山流泉，把二者调和，注入深幽无人处千年紫砂土铸成的陶瓷，再用初夏第一张看见朝阳的新荷覆紧，密闭七七四十九天，直到鸡叫三遍后方可启封。

就像每一个传说里的英雄一样，他们历尽千辛万苦，找齐了所有的材料，把梦想一起调和密封，然后潜心等待那个时刻。这是多么漫长的等待啊！

第四十九天到了，两人整夜都不能寐，等着鸡鸣的声音。远远地，传来了第一声鸡鸣，过了很久，依稀响起了第二声。然而，该死的第三遍鸡鸣迟迟没有来。其中一个再也忍不住了，他打开了他的陶瓷，迫不及待地尝了一口，就惊呆了：天哪！像醋一样酸。大错已经铸成不可挽回，他失望地把它洒

☑ 适应力——你可以不怕改变

在了地上。

而另外一个,虽然也是按捺不住想要伸手,却还是咬着牙,坚持等到了第三声响亮的鸡鸣。随后舀出来一抿,大叫一声:多么甘甜清醇的酒啊!

只差那么一刻,"醋水"没有变成佳酿。许多富人,他们与穷人的区别,往往不是机遇或是更聪明的头脑,只在于前者多坚持了一刻——有时是一年,有时是一天,有时,仅仅只是几分钟。

创富者若缺了"坚持"二字,随时都会有打退堂鼓的可能。因为在创富的过程中,要遭遇到的挫折和困难绝不会少,若一遇则退,则很有可能在跳换几个行业后,便偃旗息鼓,改换门庭,满腔创富热情亦随之东流。

有一位商人,他最早是子承父业做珠宝生意的,可是由于他缺乏对珠宝的鉴赏力,没几年,就把父亲交给他的珠宝店赔光了。

商场失意的他认为自己不是缺乏经商的才干,而是珠宝行业投资大,技术性太强,风险太大。而服装行业周期短,而且不需要太大的专业学问,他决定改行做服装生意,并相信肯定能成功。于是,他变卖了仅有的一些家产,开了一家服装店。

过了三年,他的服装店已经再也没有资金购进新款衣服,已有的衣服也因价格高于相邻商家而无人问津,他又一次失败了。他意识到服装市场更新太快了,自己总是跟随流行的尾巴。当他以为一种新款刚开始流行自己马上组织资金进货时,同行们的这种款式已经开始淘汰了。

他变卖了服装店,用剩余的不多的资金,又开了一家饭店。他想,这种简单的生意总不会再赔了。雇几个人做菜,客人吃饭拿钱,又不用多么大的流动资金。可是,他又错了。他眼睁睁地看着相邻的饭店里宾客盈门,而自己的却门可罗雀。最后,连雇来的几个人也跑到别的饭店去了,只剩下他孤零零的一个人。

后来,他又尝试做了化妆品生意、钟表生意、印染生意,都无一例外地失败了。

第六章
改变不了环境,就学会改变自己去适应环境

当他60多岁,灰白双鬓时他相信,他没有丝毫经商的才能,一生的宝贵年华被失败消磨殆尽。他盘算了自己的家底,所有的钱仅够买一块离城很远的墓地。

彻底绝望的他心想,既然自己没有能力创造财富了,就买块墓地给自己留着,等到哪一天一命归西,也算有个归宿。

这是一块极其荒僻的土地,有钱的人,甚至一些穷人也不会买这样的墓地。

可是奇迹发生了,就在他办完这块墓地产权手续的第15天,这座城市公布了一项建设环城高速路的规划,他的墓地恰恰处在环城公路内侧,紧靠一个十字路口。道路两旁的土地一夜之间身价倍增,他的这块墓地的价格更是涨了数倍。他做梦也没想到居然靠这块墓地发财了。

他突然顿悟,自己为何不做房地产生意呢?说做就做。他卖了这块墓地,又购买了一些他认为有升值潜力的土地。仅仅过了5年,他成了全城最大的房地产大亨。

这位商人的亲身经历给人的启示是深刻的。无数次的选择,无数次的放弃,只因一个小小的机遇,就改变一个人的命运。很多时候,机遇就在财富的前方,关键是要你耐心地等待和发现。

这样的事我们遇到过很多,一个人为一个目标苦苦守候了许多年,后来实在坚持不住了,就不再等候了,结果,他刚走,机遇就出现了。有很多人努力了半辈子依然贫穷,就自动放弃了。其实,这个时候,财富距他也许只有一步之遥了。

只要还留有一口气在,就永远不要放弃你的努力,机会就在你的手中,上帝往往在最后一秒,让你胜利。据说,在日本近千年流传着这样一个故事:

小呆和小土是同一村庄的两个老实巴交的渔民,却都梦想着成为大富翁。有一天,小呆做了一个梦,梦里有人告诉他对岸的岛上有座寺庙,寺里

适应力——你可以不怕改变

种有49棵朱槿,其中开红花的一株下便埋有一坛黄金。小呆便满心欢喜地驾船去了对岸的小岛。岛上果然有座寺,并种有49棵朱槿。此时已是秋天,小呆便住了下来,等候春天的花开。肃杀的隆冬一过,朱槿花一一盛放了,但都是清一色的淡黄。小呆没有找到开红花的那一株,庙里的僧人也告诉他从未见过哪棵朱槿开红花。于是,小呆只能垂头丧气地驾船回到了村庄。

后来,小土知道了这件事,他就用几文钱向小呆买下了这个梦。小土也去了那座岛,并找到了那座寺。又是秋天,小土也住下来等候花开。第二年春天,朱槿花凌空怒放,寺里一片灿烂。奇迹就在此时发生了:果然有一株朱槿盛开出美丽绝伦的红花。小土激动地在树下挖出了一坛黄金。后来,小土成了村庄里最富有的人。

今天的我们为小呆感到遗憾:他与富翁的梦想只隔一个冬天。他忘了把梦带入第二个灿烂花开的春天,而那足可令他一世激动的红花就在第二个春天里盛开了!小土无疑是个具有智慧的人:他相信梦想,并且等待另一个春天!

每个人的人生都充满着梦想,每个人都拥有自己的野心。然而,我们总是习惯于守候第一个春天,面对第一次的无果,我们往往轻率地将第二个春天弃之于门外。疏不知,梦想之花垂青的总是那些有耐心、执著追求的人。

□ 第七章

心态的适应，
才是真正的适应

> 如果你渴望健康和美丽；如果你珍惜生命里的每一寸光阴；如果你愿为这个世界增添美好和欢乐；如果你即使倒下也要面向太阳；那么，无论外界如何起伏，都请保持一份好心境。只有心态的适应，才是真正的适应。

✓ 适应力——你可以不怕改变

1.欢乐和痛苦从来就是一体

冰心说:"生命中不是永远快乐,也不是永远痛苦,快乐和痛苦是相生相成的。等于水道要经过不同的两岸,树木要经过常变的四季。在快乐中我们要感谢生命,在痛苦中我们也要感谢生命。快乐固然兴奋,苦痛又何尝不美丽?我曾读到一个警句,它说'愿你生命中有够多的云翳,来造成一个美丽的黄昏'。"

"要记住:不是每一道江流都能入海,不流动的便成了死湖;不是每一粒种子都能成树,不生长的便成了空壳!"

要相信生活始终是一面镜子,照到的是我们的影像,当我们哭泣时,生活在哭泣,当我们微笑时,生活也在微笑……

人应该学会享受,而不能总是操心劳作。享受生活有着两种不同的方式,一种是享受快乐,一种是享受痛苦。也许有人会问痛苦怎么享受呢?当一个人经历太多痛苦后,蓦然回首,这难道不是一种宝贵的财富吗?而拥有这种财富不是一种享受吗?品味痛苦,是品味那串串汗滴流下时的艰辛;享受快乐,是享受擦干汗滴的惬意。

享受生活,不是享受钱财、地位、权势。生活的味道各种各样,酸甜苦辣,只有细细地品味才能学会享受。只有学会享受生活,才会用平和的心境去面对,去挑战。享受生活没有高低贵贱之分,不分美丑,也不论苦与甜。

当你快乐时,你要意识到快乐不是永恒的。犹如盛筵过后,客宾散尽,换下华服,生活依然要回归到简单平淡中去。

当你痛苦时,你更要意识到,痛苦也不是永恒的。聪明的人会将痛苦转化为奋斗的动力,在未来无数的日子里,努力拼搏直到达成所愿。

是啊,这世上有哪个人的生活不是忙碌而又坎坷的呢?人生并非尽如人意,也许你和我一样,常常感受到生活中太多难以排解的无奈和缺憾。也

第七章
心态的适应,才是真正的适应

许是梦想得不到实现,也许是得到的离你所期待的相去甚远,但是我们总能够在这样的无奈中坚持着。我们承认自己的平凡,却不曾放弃追求哪怕只是瞬间的完美。在这个世界上,无论是谁,都不能漠视自己所付出的真诚,而只要是真诚的付出,就一定会有回报。有人说,不问收获,但问耕耘。其实,谁又能说耕耘本身就不是一种收获呢?乐在其中,乐此不疲,不也是人生的一种境界吗?

现实生活相对内心的理想境界永远是一种挤压,在这种挤压下,我们想要的生活离我们的现实越来越远。总感觉活着很累,越是长大,烦恼就越多。那些未解决的,将要解决的和想要解决的事堆积成山,压得人喘不过气来,但是作为一个生命的个体,我们却必须坚强的生活,必须努力奋斗,必须让自己和家人幸福。

无论是开心的还是不开心的,在我们走过的时间,心里装填了许多回忆;不管是迷茫还是清醒,我们都应用心去面对,生命就会蕴涵许多收获。如今的生活条件越来越好,而我们更应该加倍珍惜,全身心投入到创造美好生活中。只有今天的努力拼搏,才会有明日的风景独好。

岁月的流逝,生活的繁琐,现实的诸多不易给人越来越多的压力,没有驻足品味的闲暇,少了冥想沉思的情致。一个人的情绪受环境的影响,这是很正常的,只有心里充满阳光的人,才能感受到现实的阳光。快乐是一种生活态度,也是一种心绪。不要把自己禁锢在忧愁的厚茧里,美化生活、欣赏生活,人生处处都是亮丽的风景。

2.简单生活才是幸福的真谛

人生天地之间,若白驹过隙,倏忽其间。在这短短几十年的生命旅程中,我们真正需要的东西又有多少呢?试想一下,人活着需要呼吸,所需

适应力——你可以不怕改变

的仅是一口新鲜空气而已,而这空气又是大自然无偿赠予我们的;人活着还要吃饭,以维持生命能量之所需,而食物只要能果腹、满足生命需要就可以了;人活着还要穿衣,而穿衣仅仅是为了御寒,此外再有个能容三尺之躯躺下睡觉的地方就行了。除此之外,其他的东西对于我们来说都是有更好,少亦无不可的。

作为地球的一员,我们人类和其他动物的基本需求是一样的,我们的祖先不是连衣服都不穿还照样生活得自在惬意吗?随着社会的向前发展,人类似乎越来越多地把自己的聪明才智用于制造一些于我们自身意义不大的东西。这种行为似乎正一天天地远离我们的人生本质,物质文明的高度发达使我们像坐在一辆高速运行的无轨电车上,风驰电掣地奔向那绚烂而渺茫的所在,反而失去了我们本该固守和珍视的简单生活。

回想那离我们并不遥远的农耕文明时代,那时人们所求甚少,几亩地,一头牛,老婆孩子热炕头,日出而作,日落而息,顺应着自然的节拍,安逸惬然的生活。虽然那个时候物质生活并不富足,仅能填饱肚皮而已,但人们的内心是富足而快乐的,因为没有太多欲望,所以在他们脸上呈现出的是一副安详闲适的神态,那种田园牧歌式的生活令今人遐想不已。

再看看我们现今的生活,物质生活已是今非昔比。想吃什么就吃什么,可我们已没有了好胃口;想穿什么就穿什么,可我们又没有了穿的兴致;出门以车代步我们依然疲惫不已;进门有沙发高级席梦思我们却夜夜失眠。人们欲壑难填既造成了物质的极大浪费,耗费了有限的资源,造成了环境的污染,还破坏了宁静平和的心境。现代人的生活越来越好,健康和心情却越来越糟就是明证。

美国作家梭罗在《凡尔登湖》中用自己的实际行动告诉我们:只有简单的生活方式才是人类真正需要的。他在深山密林里,在瓦尔登湖边,自力更生造小木屋,种庄稼,打渔,过着自足自给的农耕生活。在这种生活中梭罗找到了生活的真正价值和意义,因为这种生活最贴近生活的本真,在简单中蕴含着生活的真谛。

我们有时候就像那磨盘上的驴子,一天到晚无目的无意义地转着圈

第七章
心态的适应，才是真正的适应

子,看似复杂繁忙的生活只不过是炫人眼目的肥皂泡,被简单生活的阳光一照,立刻就原形毕露,忙来忙去最后还是一场空。

世事茫茫似流水,休将名利挂心头。粗茶淡饭随缘过,富贵荣华莫强求。如果有了这样的心态,我们就能在万丈红尘之中筑一间自己的小屋,过自己的简单生活,因为平平淡淡才是真。

在物欲横流的今天，生活的快节奏或许让你来不及考虑什么才是幸福,而你可能只是在夜以继日的为名为利为金钱默默地工作着。你或许认为有了钱,有了车,有了房就会幸福,但其实顶多算是一种物质享受。如果你只想拥有这些,你就会变得麻木而感觉不到幸福的存在,只有那些可以让自己心灵充实的幸福才是幸福的真谛！你或许可以一眼就能看出一个人是否富有,但内心世界的富足却无法轻易感知。

人往往在失去后才懂得珍惜,这山望着那山高,常常忽视了眼前的幸福。知足常乐,怀着感恩的心对待生活,这样我们就会发现其实生活里有许许多多的快乐等着我们去发掘。

有时幸福只是一种感觉。

降低一份欲望,得到一份幸福

人不能无欲,无欲则让人懈怠慵懒,不思进取。然而,人的欲望往往与他企盼达到的程度有着不可逾越的沟坎。放纵欲望,不加节制,只能事与愿违。"养心莫过于寡欲",减少一分欲望,也就减少一分累赘,减少一分愁苦,减少一分精神沉疴。与其跨前一步跌入无边无涯的欲海颠簸挣扎,莫如退后一步立于水湄之上看天高地阔。从凡尘俗世的嚣声与灰屑中,腾出一湾宁静澄明的空间,让心灵的寡欲之舟轻轻停泊,你会体会到生命存在的真实价值和人生的真正富有。

在口头上,绝大多数人都希望自己的生活能够达到"简单并幸福着"的最佳状态,但是他们真能做到吗？毫无疑问,这是一个大大的问号。为什么呢？因为大家都会被实实在在的生活压得头晕眼花,甚至喘不过气来。实际上绝大多数人不堪承受生命之重,因为他们被占有物质财富：豪

适应力——你可以不怕改变

宅、名车、高收入、高开销等欲望折磨得疲惫不堪。其实,物质财富并不像很多人想像的那样重要。事实上,有许许多多的人是在令人难以想象的绝望状态下生活的。

其实回头看看,你已经拥有了许多,为什么不为此微笑呢?

当你对薪水的多少感到很不满意的时候,不如想想你至少还拥有一份工作,比起很多失业的人来说,这已经是件幸运的事了;当你假日里没有条件去一个你向往已久的旅游胜地时,不如想想,"呆在家里的乐趣也不少"!你可能遇到很多像这样的事,每次当你发现自己又落入"我希望生活能更好"的情况中时,请就此打住,重新开始。先深吸一口气,回想生活中仍有值得自己欢喜的事情。

当你能够不再妄想更多时,你就会珍惜你所拥有的一切,心里的不满与空虚也会随之消失。只要你不再常常抱怨自己还有很多东西没有得到,你的生活一定会更加幸福美满。

有一个从事房地产的年轻人,经过自己几年的打拼,在本地已小有名气。他每天的生活就像上足劲的发条一样,被传真、资料、甲方以及各种方案充塞得满满的。

一天,他加班到很晚。从公司出来后,走了很远的路也没有叫到车。走得热了,他停下来,解开领带,仰头出了口气。这时,他吃惊地看见星星在丝绒般的夜幕中闪烁着,洋溢着一种无言的美丽。一如他大学毕业前的最后一晚,几个要好的同学躺在学校图书馆前的草坪上看到的那样。那一晚,他们深深被血脉中扩张的青春激动着,广袤的星空与未来的前途一片光明。

从那以后,他几乎再也没有留心注视过夜晚的星空了。因为从他走入社会,他一直保持着弯腰向前奔跑的姿势。太忙了,欲望总在膨胀,目标总在前方,于是他不停地向前奔跑着……

每个夜晚的这个时刻,他多半在应酬或是在作楼盘计划和方案,他从没有想过哪怕透过一扇小窗,去望望宁静的夜空,倾听心灵一些细小的声音。

第七章
心态的适应,才是真正的适应

今天,当自己站在这静谧的星空下,他突然想起以前在大学时看过一位日本餐饮业巨头总结的成功之道:在其连锁店中能提供给顾客的,永远是17厘米厚的汉堡与4℃的可乐。据他的研究人员研究发现,这是令客人感觉最佳的口感。当然,你也可以选择把汉堡做成20厘米厚,把可乐加热到10℃,但它们并不意味着最佳口感。

对于幸福,其实也只要17厘米和4℃就够了。

幸福,它是一路上持续发生的,就如深夜静谧而美丽的星空所带给人的震撼,而非那个令人疲惫的终极雪球。

有位著名的心理学家说:"一个人体会幸福的感觉不仅与现实有关,还与自己的期望值紧密相连。如果期望值大于现实值,人们就会失望;反之,就会高兴。"的确,在同样的现实面前,由于期望值不一样,你的心情、体会就会产生差异。

在现实生活中,人们总是喜欢拼命地追求、索取,以为这样便可以得到幸福。殊不知,当你费尽心机地实现了这个目标,消除了一个烦恼,很快你又会有新的没有实现的目标,你又会生出新的烦恼。如此反复,永无尽头。事实上,人们追求的东西很可能是自己并不需要的。

其实,追求幸福最有效率的方法就是"降低你的欲望"。通过心理调节,使自己能够平静地对待目标,从而减轻或消除心理负担。欲望低了,心事少了,自然也就吃得下、睡得着了,幸福也会悄然而至。在世界上所有获得幸福的途径中,这种方法的投入产出比最高,它基本上不用你花一分钱,有时甚至会帮你省钱。

一位智者说:"人生不同的结果起源于不同的心态。"的确,假如世界变得灰暗,那是你自己心中不够灿烂。只要降低一份欲望,你便会收获一份幸福。

3.心灵的自在,才是最大神通

佛说:"安禅何必需山水,灭却心头火自凉。"

我们的心灵本来是自在而无拘无束的,初生的赤子是那么的无忧无虑,让人羡慕。但到成年之后,因为社会种种后天对我们的熏陶,使我们自由自在的心灵受到污染,从而不得不为了生活奔波忙碌。追求金钱的,他的心灵会被金钱所束缚;渴望女色的,他的心灵会被美女所束缚;攀缘权力的,他的心灵会被权力所约束。总之,凡是过度追求外在物质享受的人,他们的心灵从来都没有真正自由自在过。

现代人追求享受,活的却越来越累,买房买车,房有了,车有了,人老了,人病了还有什么意义。究其原因是对幸福的理解不同,幸福其实是放松心灵。心灵自在了,才是人生最大的快事。追求名利,追求过度的物质享受,与人攀比,心灵为物质所役,还能谈得上幸福吗?

人对于世界的认识就是世界观,对人生的态度也就是人生观。人生观和世界观不能正确地树立起来,任何一种生活方式都会是痛苦和烦恼的。当然,人生观和世界观都是各人根据各自的立场来确定的。或以声名地位为追求目的,或者以声色犬马为快乐,或者顺其自然过生活。生活的态度不同,感受的幸福和痛苦自然也就不同。

生活的不安、焦虑、急躁、扭曲等,都不是痛快淋漓的,往往会让人感到烦恼。当领导的,每日里要应付各种各样的杂务,许多不相识的人,都会想方设法贪缘进来,使自己的心理得不到安宁,从而感到烦恼;生意人想赚钱,却偏偏赔了本;不想见的人却就在自己的眼前,相爱的人却必须分离,追求的东西却得不到,既得利益却要丢掉,等等,都是生活中的烦恼,使人无法真正地领受人生的美好和安详。

人们逃避家庭、城市、社会及自己的问题而逃至深山中去寻觅心内的平静。可是既然是要寻觅"心内"的平静,又怎么可能在"心外"寻得呢?快乐只可以在心内寻得,并不在于你身处之处。如果你心中没有平和,纵然跑到天涯海角也不会寻得到它;心中有了平和,身在何处也就不那么重要了。

我们的心影响着我们所见到的世界。拥有一颗快乐之心的人,见到的是一个值得欢欣的世界;内心充满仇恨的人,见到的是一个令人愤怒的世界;心中满是忧伤的人,见到的是一个充满悲哀的世界。

有智慧的人在独处时会管好自己的心,在不是独处时则会管好自己的口。自知为愚者的并不愚蠢;自以为聪明的却是愚蠢至极。当你的心开始懂得以智慧去观察时,生命的真谛便会在每一刻、每一地方、每一事物中向你展现。

如果你向往自主的话,就要先学会主宰自己的心。放下一点执着,你便多一份平静自在。

从今天开始,由己及彼,从心着手,你将受益匪浅。

4.世上没有绝望的处境,只有对处境绝望的人

生活是一种态度。每个人都会有共同的经历,都会遭遇挫折和不幸,也都有获得幸福的机会。生活是现实的,不以你的意志为转移,你可以活得很积极,也可以很悲观。同样是生活,有人终日愁眉不展,唉声叹气,有人却过得精彩无限,有滋有味。你可以决定自己的命运,只要你肯审视自己的态度。培根曾说过"人若云:我不知,我不能,此事难。当答之曰:学,为,试。"

"世间本来没有路,走的人多了就成了路",想一想,连路都可以走出来。那么面对人为的环境和处境,我们有什么理由绝望呢!

很多时候我们绝望与否,重要的不是处于顺境或逆境,而是取决于对待顺境或逆境的态度和方式。有的人无论顺境、逆境都能进步,而有的人却

适应力——你可以不怕改变

是任何时候都在堕落。

成功从来只青睐勇敢的智者,不喜欢亲近那些遇到点点困难就绝望退缩的胆小鬼。在人生的道路上,没有一个人是没有遇到过困难与挫折的,简单来说,没有困难的人生不是完整的人生。因此,不如微笑着去战胜困难吧!

总而言之,这个世界上,没有爬不上的山,没有过不了的河,再大的困难总会有解决的方法。用冷静和乐观的心态去面对困难,总能找到一个让你坚持不懈的理由。没有绝望的处境,只要你勇敢去面对、去挑战,成功往往就在绝境的拐角处。

把思想朝向光明的一面

我们每个人都随身携带着一种看不见的法宝——"积极心态",而它的另一面写着"消极心态"。一个拥有积极心态的人并不否认消极因素的存在,他只是学会了不让自己沉溺其中。即使身陷困境,也能以愉悦和创造的态度走出困境,迎向光明。在人的本性中,有一种倾向:我们把自己想象成什么样子,就真的会成为什么样子。

有这样一个很有意思的故事:一个老婆婆依靠两个儿子的苦力维持生计,大儿子晒盐、二儿子卖伞。晴天若大儿子能晒更多的盐,二儿子就不能卖更多的伞;雨天二儿子生意好了,大儿子就不能晒盐!老婆婆整天为两个儿子不能同时赚钱而烦恼。有人建议老婆婆换个角度看待问题:晴天,大儿子能晒更多的盐;雨天,二儿子可以卖更多的伞。这样一来,老婆婆果然心情好多了,不再为两个儿子的营生闲操心了。

任何事物都有两个不同方面,处理问题只看重一面而忽视另一面,都会得出与事实相悖的结论。如果思维沉溺在事物不好的一面,既无益于问题的解决,也会影响情绪,甚至会导致思想消沉、远离多彩的生活,成为怨天忧人、抱怨社会的边缘人。

就业艰难、住房紧张、股份跌停……许多事情我们无法改变,好心情也

第七章
心态的适应,才是真正的适应

要被这些无法改变的事情一扫而空吗?别人可以偷走你的金钱,可以破坏你的地位,可以践踏你的尊严,但永远扼杀不了你那颗积极乐观的心,活就要活得精彩!

当我们遇到棘手的问题时,必须先冷静下来、勿冲动行事。既然木已成舟,当你不能立竿见影地解决问题时,不如试着改变你面对问题的心情。

我们常常以为是一件事情引发了我们的某种情绪,但美国心理学家埃利斯认为,是我们内心的想法或者说心态决定了我们的情绪。

所以,不要把你的一切情绪都归于现在的事件、现在的人、现在的关系。表面上是这些因素决定了你的爱恨情仇以及种种情绪。事实上,导致你负面情绪的罪魁祸首是你内心对事情的想法和观点,而这是完全可以用积极的心态去改变的。从这个意义上说,我们完全有能力左右自己的心情。

如果你因为失败而灰心丧气,其实那是成功女神对你毅力的一次考验;总结经验和教训,重拾勇气和自信,一定会垫起你未来成功的高度。郁闷的心情只会让你更加失败,而坦然的心情则能让你接近成功。

如果你因为失去而黯然神伤,那是因为你一直习惯拥有。的确,失去会带来疼痛,但更多的时候,正是因为失去,才让你得到更多。所谓"失之东隅,收之桑榆"。人生本无所谓得失,你心情的好与坏,全在于你自己内心的想法。

如果你因为过去的苦难而痛苦万分,这本无可厚非,问题在于即便你痛苦到老,昨日之事也无法改变。事情既然已经过去,就让痛苦的心情也一同随往事埋葬在过去吧。不要浪费过多的时间和心情在过去那些令你郁闷的事情上,因为生活还要继续。

如果你因为遭遇不公而郁闷,你不得不承认生活本身就存在着不公平。有人说:"人生如打牌,而不似下棋。"下棋是公平的,棋子一样多,棋盘同用,条件相同,起跑线一致,机会均等,就看谁的棋艺高。而打牌是不公平的,除了抓牌的数量一样,牌的好坏却有着千差万别。人生也是这样,我们不能控制自己的运气是好是坏,但是我们却可以控制自己的心情。

想想你已经拥有的一切

世间有许多东西我们都想拥有,但拥有了,却又不懂得珍惜。

✓ 适应力——你可以不怕改变

智者不为自己没有的悲伤而活,却为自己拥有的欢喜而活。当一切逝去时,不要悲伤、忧虑,想想看,其实你已经拥有了许多。快乐、健康、自我,难道这些还不能让你满足吗?

1928年,纽约股市崩盘,美国一家大公司的老板忧心忡忡地回到家里。

"你怎么了?亲爱的!"妻子笑容可掬地问道。

"完了!完了!我被法院宣告破产了,家里所有的财产明天就要被法院查封了。"他说完便伤心地低头饮泣。

妻子这时柔声问道:"你的身体也被查封了吗?"

"没有!"他不解地抬起头来。

"那么,我这个做妻子的也被查封了吗?"

"没有!"他拭去了眼角的泪,无助地望了妻子一眼。

"那孩子们呢?"

"他们还小,跟这档子事根本无关呀!"

"既然如此,那么怎么能说家里所有的财产都要被查封了呢?你还有一个支持你的妻子以及一群有希望的孩子,而且你有丰富的经验,还拥有上天赐予的健康的身体和灵活的头脑。至于丢掉的财富,就当是过去白忙一场算了!以后还可以再赚回来的,不是吗?"

三年后,他的公司再次发展为《财富》杂志评选的五大企业之一。这一切成就仅靠他妻子的几句话而已。

在你感到沮丧的时候,请列出一张详细的生命资产表:

你有没有完好的双手双脚?

有没有一个会思考的大脑和健康的身体?

有没有亲人、朋友、伴侣、孩子?有没有某方面的知识和特长?

……

把注意力放在你所拥有的,而不是没有的或是失去的部分上。你将发现,原来自己已经足够幸福。

第七章
心态的适应，才是真正的适应

我们很少去看我们所拥有的，但是却经常想到我们所没有的。正因如此，我们变得很不快乐，心心念念地想着、盼着，完全忘记已经拥有的一切有多丰富。

直到有一天，我们失去了原本拥有而视为当然的那些东西之后，我们才恍然大悟，那些有多么宝贵。譬如健康，譬如平安，譬如自由，譬如……好好检视一下现在所拥有的，你会赫然发现，自己原来是这般富有。

当我沮丧的时候，总喜欢想想这段话：我心里难过，因为我没有鞋子，后来我在街上走着，遇见一个没有脚的人。每当我们心里为某些不如意而难过时，便想想那些比我们不幸的人，沮丧感立即就会减轻许多。在人生许多时候，不论我们遭受何种痛苦，只要把注意力转移到别处，我们本身的痛苦必然会减轻。在医院里，常看到相互安慰，彼此鼓励的病人，一个自己走路都不稳当的人，却有能力去扶持另一个人，只因那个人比他更虚弱。当我们在照顾病人的时候，常常分外坚强，因为，我们知道自己被需要。

人的快乐与否，全在于懂得珍惜还是不知感激。

曾听一位名人说过他小时候母亲一直告诫他："不要去想没拿到的东西，多想想自己手里所拥有的。"

在人生道路上，与其费时、费力去想那些自己没有的，不如好好把握你已经拥有的。别只顾着想要更多，结果连原有的也失去了。更何况，"有"、"无"、"多"、"少"和"贫"、"富"，本无一定标准，全在于我们的主观认定。世界上有捧着金饭碗的穷人，天天为财务烦心，但也有孑然一身，空无一物的富人。只要你自己觉得满足，你就是世界上最富有的人。

常见的制造幸福的小技巧

你幸福吗？人生之路有平坦，有坎坷，有成功，有失意。怎样才能获得幸福，并一直保持幸福呢？根据世界各地不同专家的研究结果，我们总结出常见的制造幸福的小技巧，不妨来看一下，为自己制造幸福的源泉。

听音乐

想不到吧，音乐具有和吃饭、性爱相似的作用。听音乐的时候，大脑会

适应力——你可以不怕改变

释放出多肽,让身体放松下来。音乐不仅能够促进睡眠,你的心律和血压也会随之降低。

比同龄人赚更多的钱

财富不一定让你幸福,但是比同龄人赚得多会让人感到幸福。存钱养老和未雨绸缪构成一种积极的情绪,这种情绪也可以导致幸福。这是一种期待,作为迟来的满足和回报,也会让你幸福。

把积极的情绪作为成功之路

幸福来源于成功和成就感,积极情绪会让你幸福起来,让你离成功越来越近。

亲吻,爱抚

多肽是一种神经传递素,可以使人的痛感降低。没了疼痛,结合信任的感觉,产生"爱的荷尔蒙",帮助你减轻压力。

使用幸福的回忆

回忆你的勇气,你的天赋,你的激情,你的兴趣,你的潜能等等正向力量。搜索这些记忆可以让你更幸福。

做个乐天派

乐观是一种后天技巧,学习乐观有很多种方法。你注意过自己的走路姿态吗?你抬头走路,还是低头走路呢?很多人都是迈着缓慢的小碎步低头走路的。这样的人大部分都很悲观。要改变自己,可以从走路姿势开始。首先,纠正自己的身体,昂首挺胸,大步快速地走路;然后,改变自己的语调,让声音欢快、充满能量;第三,多使用正向的字眼,用"挑战"代替"问题",遇到"损失"的时候,想想这也许是个"机会"。积极的想法和行为都会对大脑产生积极的影响,发出幸福的信号。不过达到上述改变,要耐心一些,也许要4到6周的时间才会见效。

尝试新事物

想过吗?学种乐器,学打网球,学习滑雪……尝试一下吧。如果其中的一种不能让你感到幸福,那就再试试别的。经历丰富的人更容易保持积极的心态。积极情绪和消极情绪的最佳比例是3:1,如果达到1:1的话,很可能

第七章
心态的适应，才是真正的适应

导致焦虑和抑郁。

倾诉

无论好事坏事，谈论一下都能让人幸福，即使是在电话里。倾诉的过程可以影响人的记忆，也就是说，倾诉一段不好的经历，可以让这段不愉快的回忆更快消失。如果有很多不同的倾听者，这种方法最奏效。

让身体动起来

运动也可以释放多肽。来跳舞吧，运动吧，散步吧！这些都可以帮你释放压力，减轻焦虑感和轻度抑郁，是保证健康的好方法哦。

找到工作与家庭的平衡点

手机，网络等现代通讯技术改变了我们的生活。对一部分人来说是好事，但对其他人来说是问题。相对于把家庭和工作联系起来的人，分得开家庭和工作的人遇到的冲突会少些。找到工作和家庭中的合理界限，可以让人感到更加幸福。

让期望值更现实

丹麦人最幸福。他们在欧洲的满意度调查中连续30年高居榜首。原因之一是，他们对来年的期望总是很低。还是那句老话：期望越大，失望越大。反过来说，没有那么大的期望，自然不会很失望，烦恼就会离你远些了。

创造时间

时间就是生命。为何不学习控制时间，优化时间呢？你需要改掉那些会浪费你的时间的习惯。把每天要做的事情根据轻重缓急排好顺序，有助于节省一些时间。别再为时间烦恼，腾出一两天想想未来，想想自己感兴趣的事吧。

勾画幸福

人类可以在脑海中回忆过去，模拟未来。当你有了明确的目标的时候，这种方法会很有价值。想想和勾画自己想要的生活，可以让人觉得一切都是可以实现的。闭上眼睛，想想未来的美好蓝图，拾回失去已久的自信吧。

微笑

多多微笑吧，这会让你觉得更幸福。无论遭遇到什么事情，当时如果笑

适应力——你可以不怕改变

一下,感觉就会好得多。微笑,让机会出现在你的身边。

大笑

无论听笑话还是看喜剧,发自内心的笑吧,笑到流出眼泪,笑到肚子疼也无妨。笑,可以增进人与人之间的关系。尽量多接触人群,这样更容易笑出来,想要减轻压力,增强你的免疫系统,就放声大笑吧!

培育信仰

无数的调查都指向一个结论:有信仰的人比没有信仰的人幸福。有了信仰就有了社会支持,有了决心,有了转移注意力的理由。深呼吸、冥想和祷告,都可以帮你释放压力、焦虑和紧张情绪,让你以更好的状态向前迈进。

做好事

帮人开门,为人指路,赞美别人,无论对朋友,还是陌生人,善意的行为都会让人更幸福。而且做好事越频繁就会越幸福。因为当别人对你投来感谢的目光时,你会感受到人们对自己的肯定。

幸福婚姻

无论一段婚姻实际上幸福与否,获得一份有承诺的感情,会比没有感情依靠更为幸福。如果和幸福的人结婚,你也会被感染,幸福作为婚姻的一部分也是可以被分享的。

细数祝福

偶尔盘点一下你的祝福,但无需每天如此。太频繁地做一件事会失去新鲜感和意义。这种方式不适合每一个人,要跟据人们的性格,生活方式,生活目标来判断。

吃东西

如果你真的不知道是什么让自己不幸福,那么你该关注你的身体状况。例如,雌激素缺乏和内分泌失调,都是导致女性不幸福的原因。补充雌激素,调节身体内部平衡状态,是让你的身体变得健康,并改善心理的有效方法。另外通过吃一些诸如香蕉、小米粥、咖啡、绿茶、糖果等,也能让你抑郁的心情变得开朗一些。

当然,运动是任何时候都可以帮助你幸福起来的最佳方式。

第七章
心态的适应,才是真正的适应

5.你自身的价值取决于你自己的定位

每个人的人生际遇是不同的。在你脚下的可能是平坦大路,也可能是崎岖的山间小径;也许你将成就轰轰烈烈的事业,也许你一生始终平平淡淡。但人生的意义,既不在于开端,也不在于结果,而在于过程。

只要带着乐观的人生态度去拼搏,即使不能到达理想的巅峰,我们也能在人生过程中证明自己的价值。当我们回首走过的路,直视曾经奋斗的足迹,我们也可以无怨无悔了。

生命原本是一架长梯,可以一直延伸到梦想成真后的另一端,只要你永不放弃。

一位青年感到非常困惑,他来到寺庙向一禅师求教。

"大师,有人称赞我是天才,将来必有一番作为;也有人骂我是笨蛋,一辈子不会有多大出息,依您看呢?"

"那你是如何看待你自己的呢?"禅师反问。

青年摇摇头,一脸茫然。

大师说:"在我们的生活中,同样一斤米,用不同的眼光去看,他的价值迥然不同。在主妇的眼中,它不过能做两三碗米饭而已;在农民看来,他最多值1元钱罢了;在卖粽子的眼里,包扎成粽子后,它可以卖出3元钱;在制饼者看来,它能被加工成饼干,可以卖出5元钱;在味精厂家眼中,它可以提炼出味精,卖到8元钱;在制酒商看来,它能酿成酒,勾兑后,卖40元钱。不过,米还是那斤米。"

大师停了停,接着说:"同样一个人,有人将你抬的很高,有人把你贬的很低。其实,你就是你。你究竟有多大出息,自身有多少价值,完全取决于你到底怎样看待自己。"

适应力——你可以不怕改变

青年听后,心情豁然开朗。

你自身的价值,不会因别人的称赞而增加,也不会因别人的贬低而降低。你怎样看待自己,你就能得到怎样的自己。只要相信自己,坚定信念,相信自身所蕴涵的能量,勇往直前,就一定能闯出一番自己的天地!

有人认为自己是个微不足道的小人物,做不出什么惊天动地的大事,自己就把自己轻看,放弃了远大理想甘愿认输,自然一事无成。

萤火虫发出来的光亮虽小,但却能在漆黑的夜晚给人带来一丝光明;篝火尽管不能驱走严寒,但在寒冷的冬天它能给人们带来暖意。人生在世,各有各的境遇,各有各的归宿,既不要羡慕比自己强的、也不要看不起比自己弱的。每个人都有他引以为傲的东西,也都有他引以为荣的本领。

有一个寓言故事:一名隐士计划在大河上搭建一座桥,方便人们通行,他请所有的动物来帮忙。大象用它有力的鼻子把巨石推进河里,犀牛把沙土顶到河中,猩猩把木头拉到河底去,袋鼠用自己的口袋装土,所有的动物都愿意为造桥贡献自己的力量。

小松鼠在一旁看着大工程的进行,觉得自己实在太小,没有办法和它们一起工作。后来它想出一个好方法,它在尘土中翻滚,让全身沾上泥土,然后快速跑向河边,把身上的泥土抖进水中,然后一次又一次重复着这样做。

这一切被隐士看见了,就夸奖它说:"只要有心,即使一只小小的松鼠也能有所成就。"

人做事也许不会马到成功,所以这就要求我们要不断求索,不懈努力。并且,许多时候结果并不重要,重要的是过程给人们带来的乐趣。

你是独一无二的

人是世间万物之灵长,你是世界上独一无二的你。

甜蜜的爱情、美满的婚姻、幸福的家庭、亲密的朋友、信赖的知己、腾达

第七章
心态的适应,才是真正的适应

的事业、辉煌的成就、别人的仰慕……这一切,我们每个人都渴望拥有,没有人希望自己在人生之路上遭遇失败。但成功除了离不开机遇与努力拼搏外,首先要做和必须要做的,不是战胜外在,而是战胜自己;不是了解别人,而是了解自己。

了解自己主要是指认识自身的性格:是内向还是外向,是自卑还是自信,是懒惰还是勤劳,是虚荣还是朴素,是偏执还是随和,狭隘还是心胸宽广,是勇敢还是怯懦……不管是怎样的性格都不要惧怕,只有了解了自己性格的特点,才可以扬长避短。法国作家纪德说过,人人都有惊人的潜力,要相信你自己的力量与青春,要不断地告诉自己:"万事全赖在我。"上天只创造了一个独特的你,你是独一无二的。成功胜利由自己创造,失败挫折由自己承担。

你只需要记住:你是特别的,你是独一无二的!

一位著名的演讲家手里拿着一张20美元的纸币,开始了讨论会。在200人的屋子里,他问道:"谁想要这20美元纸币?"

开始有人举手。他说:"我会把这20美元纸币给你们中的一位,但是,先看看我这么做。"

他开始把这张纸币揉皱,然后他问道:"还有人想要它吗?"仍然有很多手举在空中。"好,"他说道,"如果我这样做会怎么样呢?"他把纸币扔到地上,开始用皮鞋使劲踩踏。

然后他拣起又脏又皱的纸币,"现在,还有人要它吗?"

空中仍举着很多手。

"朋友们,刚刚你们已经得出一个非常宝贵的经验。不管我怎么糟蹋这张纸币,你们仍然想要它,因为它的价值没有降低。它仍然是20美元。"

"在生活中,很多次我们被自己制定的决策和身边的环境所抛弃、踩躏,甚至碾入尘土。我们感到自己一无是处。但是不管发生了什么,或者将要发生什么,你们都永远不会失去自己的价值。"

"无论你肮脏或者干净,皱巴巴的或者被折磨,对周围爱你的人来说你

适应力——你可以不怕改变

仍然是无可替代的。我们生活的价值不在于我们做了什么,或者我们认识谁,生活的价值在于我们是谁。"

"你是与众不同的,永远不要忘记这一点!"

前无古人,后无来者,没有人拥有与你一样的能力,一样的才华,一样的朋友,一样的熟人,一样的负担,一样的伤痛和一样的机会。

没有人可以用和你一样的方式帮助别人;没有人可以说你说的话,表达你的意思;没有人可以用你抚慰的方式去抚慰别人;没有人可以像你一样理解另一个人;没有人可以像你这样振奋、轻松和愉快;没有人可以像你这样微笑;没有其他人可以像你这样给另一个人带来如此独特的影响。

如果你不存在,世界将会有缺口,历史会有裂缝,人类的蓝图里,也会缺少了一些东西。珍视你的独一无二,这是一份只送给你的礼物。

就如同这世上没有两片完全相同的树叶,这世上也没有两个完全相同的人,即使是同卵双胞胎外貌上旁人难以区分,但他们的DNA仍有着百分之几甚至零点几的差异。

也许你有些地方与别人相似,但你仍是无可替代的,你的一言一行都有自己的个性和选择,你是自己的主人。无论高矮胖瘦,你的身体,从头到脚只属于你自己;你的目之所及,耳之所闻,你的头脑思想,包括情绪也只属于你自己。因此,你首先要喜欢自己,接纳自己的一切,然后才能深刻了解自己,进而将自己最好的一面呈现出来!

然而人多少会对自己产生疑惑,内心总有一块连自己也无法理解的角落;但只要你多爱惜和了解自己,就必定能鼓起勇气和希望,为心中的疑问寻得答案,并更进一步地了解自己。

成为自己的主人

成为自己生命的主人,我们必须良好运用自己自由选择的权利。作为自己生活的"总统",你每天、每个小时都可以作出自由的选择。

第七章
心态的适应，才是真正的适应

对于一个人来说最坏的事情莫过于总认为自己生来就是不幸之人，认为自己总是得不到幸运女神的垂青。事实上，在我们的思想王国之外，根本就不存在什么幸运女神。我们的命运掌握在自己的手中，要靠自己去主宰。

在同一个社会环境里，人的命运之所以会表现出极大的不同，主要是由一系列客观条件与主观条件的不同所造成的。换句话说，内因即主观条件是人的命运变化的根据，具有一定的决定性，外因是通过内因而发挥其作用的。由此，无论是人类发展的实践，还是科学理论的分析，最终的研究结论只有一个：个人的命运主要由个人去把握。

快乐与烦恼往往很容易受外界因素的左右，受此影响的人经常表现得喜怒无常，他人束手无策，只好对他避而远之。实际上，这样的苦恼仍需自己去解决，问题的症结就在于自己的认知评价系统如何对外界的刺激做出选择和反应。

每个人一旦降临到这个世上，便难免会陷入动荡不定的境遇之中。悲哀、愤怒、忧虑、愧疚和烦恼可能会不间断地困扰着每个人，给人们的精神套上沉重的枷锁。

面对现实的挑战，你能抵御消极情绪的侵袭吗？你能够征服烦恼吗？你能够主宰自己吗？回答是肯定的。只要你相信：问题的症结就在于你个人的认知评价系统中。

人们常常会错误地认为，生活的快乐与否，完全取决于外界刺激的大小。外界刺激大，烦恼就大；外界刺激小，烦恼也会随之减少。实际上，这中间忽视了一个很关键的问题，就是对你自己头脑的加工。

比如，面对火车晚点这一不良刺激，有些人大发雷霆，焦躁不安；有些人会到服务部买东西填饱肚子，坦然等待；有些人则坐在候车室给朋友写信，充分利用时间。很显然，这3种不同的反应，绝不是由外界刺激的大小决定的，而是由他们对同一刺激的不同态度而决定。

由此可知，仅仅是环境并不能决定我们快乐与否。换句话说，事件本身没有压力，它们是否使我们感到紧张、有压力完全取决于我们以怎样的思考方式去看待它们。

适应力——你可以不怕改变

只要你充分相信自己,经常梳理自己的情绪,排解负面和消极的情绪因素,永远保持乐观向上的生活态度,就能做自己生命的主人。

要服从自己内心的命令

"走自己的路,让人们去说吧!"我们对但丁的这句名言并不陌生。可是,我们又是否能真正做到这一点呢?

别人对你的评价总是有偏颇的,有人只说好话,假如以此为据,你可能会高估自己,自我感觉良好。由此轻视他人,自以为是。也有人专挑坏的讲,故意贬低你,这样你可能低估自己,自卑消极。因此,在听取他人的评论之前,首先要有一个正确的自我评价,并以此为基准。

此外,他人看到的可能只是你的表面或一个方面,真正全面、清楚了解自己的还是自己。只有天生没有主见的人才会整天询问他人的评价。虽然有时候可能会出现"当局者迷,旁观者清"的情况,但大多数情况下旁观者的意见只能作为参考。

美国职业足球教练文斯·伦巴迪当年曾被人批评为"对足球只懂皮毛,缺乏斗志"的人。

贝多芬学拉小提琴时,技术并不高明,他宁可拉他自己作的曲子,也不肯做技巧上的改善,他的老师说他绝不是个当作曲家的料。

达尔文当年决定放弃行医时,遭到父亲的斥责:"你放着正经事不干,整天只管打猎、捉狗拔蒿子的。"另外,达尔文在自传上透露:"小时候,所有的老师和长辈都认为我资质平庸,我与聪明是沾不上边的。"

爱因斯坦4岁才会说话,7岁才会认字;老师给他的评语是:"反应迟钝,不合群,满脑袋不切实际的幻想。"他曾遭到退学的命运。

罗丹的父亲曾怨自己有个白痴的儿子,在众人眼中,他曾是个前途无"亮"的学生;艺术学院考了三次还考不进去。他的叔叔曾绝望地说:"孺子不可教也。"

托尔斯泰读大学时因成绩太差而被劝退学。老师认为"既没读书的头

第七章
心态的适应，才是真正的适应

脑,又缺乏学习的兴趣。"

假如这些人不是"走自己的路",而是被他人的评论所左右,又怎会取得举世瞩目的成就？人生的成功自然包含功成名就的意思,但是,这并不意味着你只有做出举世无双的事业,才算得上成功。世界上永远没有绝对的第一。看过马拉多纳踢球的人,还想一身臭汗在足球队里混吗？听过帕瓦罗蒂歌声的人,还想修炼美声唱法吗？其实,如果总是担心自己比不上别人,只想功成名就,那么世界上也就没有帕瓦罗蒂、马拉多纳这类人了。

太在乎别人的"评论",会使你做事畏首畏尾,形成优柔寡断的性格。假如一个企业家太在乎工人的"眼光",他就不会成为一名优秀的管理者。在发奖金时,他会首先考虑到副经理会怎么想,科长会怎么议论自己,然后那些老工人会不会认为我不照顾他们,还有门卫会不会认为自己不体贴他。如此一来,不调整十几次,奖金是发不下去的。如果是个歌手,上台之前就东想西想,一身衣服也要换上十来次,最后还是带着疑惑上场,上场后发现掌声没预想的热烈,心里又嘀咕上了……这样的歌手肯定是唱不好的。而如果是个外交官,很可能就会被人家牵着鼻子走,把自己国家都给卖了。太在乎别人的"眼光"必然会以失去自我、失去个性作为代价。没有自我、没有个性的人注定成不了大事,更不可能知道自己的价值。

与人交往的最佳境界是不卑不亢。一个小职员见到总经理时很可能拘谨得语无伦次,而当他跳出总经理的圈子,就可能会大方自如。当你太在意别人的时候,不知不觉地就失去了自我。在生活中,我们经常会发现,有些我行我素、对别人反应迟钝的人却往往很让人佩服。只要不侵犯别人,他们总是很受人欢迎的。

如今,我们生活在一个充满专家的时代。由于我们已十分习惯于依赖这些专家权威性的看法,因此便逐渐丧失了对自己的信心,以致不能对许多事情提出意见或坚持信念。这些专家之所以会这么轻易取代我们的地位,是因为我们让他们这么做。

✓ 适应力——你可以不怕改变

大部分人都没有想到自己其实才是世界上最权威的专家，在自我、家庭、事业上，没有人比你更了解你的一切。

人们只有正确认识自我的时候，才会明白自己为什么会到这个世界上来、要做些什么事、以后又要到达什么地方去等这些问题。

6.从得到中失去，就能从失去中获得

金代禅师非常喜爱兰花，在寺旁的庭院里栽培了数百盆各色品种的兰花，讲经说法之余，总是全心地去照料。大家都说，兰花好像是金代禅师的生命。

一天，金代禅师因事外出。有一个弟子受到师傅的指示，为兰花浇水，但一不小心，将兰花架绊倒，整架的盆兰都给打翻了。

弟子心想：师傅回来，看到心爱的盆兰这番景象，不知要愤怒到什么程度？于是就和其他的师兄弟商量，等禅师回来后，勇于认错，且甘愿接受任何处罚。

金代禅师回来后，看到这件事，一点也没有生气，反而心平气和地安慰弟子道："我之所以喜爱兰花，为的是要用花香供佛，并且也为了美化禅院环境，并不是想生气才种的啊！凡是世界上的一切都是无常的，不要执著于心爱的事物而难割舍，因为那不是禅者的行径！"

金代禅师"不是为了生气而才种花"的禅功，深深地感染了弟子们。世间的事物变化无常，我们不必执著于心爱的事物而难以割舍。毕竟，我们喜爱一种事物的初衷，并不是为了失去它时的伤心。人生中的很多东西既然已经失去，不妨就随它去吧。

第七章
心态的适应,才是真正的适应

法国的军队从莫斯科撤走后,一个农夫和一个商人在街上寻找财物,他们发现了一大堆未被烧焦的羊毛,两个人就各分了一半捆在自己的背上。归途中,他们又发现了一些布匹,农夫将身上沉重的羊毛扔掉,选些自己扛得动的较好的布匹,而贪婪的商人却将农夫所丢下的羊毛和剩余的布匹统统捡起来。重负让他气喘吁吁,缓慢前行。

走了不远,他们又发现了一些银器,农夫将布匹扔掉,捡了些较好的银器背上,商人却因沉重的羊毛和布匹压得他无法弯腰而作罢。

突降大雨,饥寒交迫的商人身上的羊毛和布匹被雨水淋湿了,他踉跄着摔倒在泥泞当中;而农夫却一身轻松地回家了,变卖了银器,过起了富足的生活。

人生在世,有得有失,有盈有亏。有人说得好,你得到了名人的声誉或高贵的权力,同时就失去了做普通人的自由;你得到了巨额财产,同时就失去了淡泊清贫的欢愉;你得到了事业成功的满足,同时就失去了眼前奋斗的目标。我们每个人如果认真地思考一下自己的得与失,就会发现,在得到的过程中也确实不同程度地经历了失去。人生就是一个不断地得失反复的过程。

一个不懂得什么时候该失去什么的人,愚蠢而可悲。违背这个过程,就会像贪婪的商人,累倒在地,得不偿失。只有能够坦然地面对失去,才有可能换来幸福、美满的人生。居里夫人的一次"幸运的失去"就是最好的说明。

1883年,天真烂漫的玛丽亚(居里夫人)中学毕业后,因家境贫寒无钱去巴黎上大学,只好到一个乡绅家里去当家庭教师。她与乡绅的大儿子卡西密尔相爱,在他俩计划结婚时,却遭到卡西密尔父母的强烈反对。这两位老人深知玛丽亚生性聪明,品行端正。但是,贫穷的女教师怎么能与自己家庭的钱财和身份相配称呢?父亲大发雷霆,母亲几乎晕了过去,卡西密尔屈从了父母的意志。

失恋的痛苦折磨着玛丽亚,她曾有过"向尘世告别"的念头。玛丽亚毕竟不是平凡的女人,她除了个人的爱恋,还热爱科学和自己的亲人。于是,她放下情缘,刻苦自学,并帮助当地贫苦农民的孩子们学习。几年后,她又与卡西密尔进行了最后一次谈话,卡西密尔还是那样优柔寡断,她终于砍断了这根爱恋的绳索,去巴黎求学。这是一次"幸运的失去"。如果没有这次失去,她的人生历史将会改写,世界上就会少了一位伟大的科学家。

学会习惯于失去,往往能从失去中获得。得其精髓者,人生则少有挫折,多有收获;人也会从幼稚走向成熟,从怯懦走向博大。

7.改变看问题的角度,活得更精彩

当你遇到问题不能解决时,不妨从另外的一个角度去审视它,也许你会有新的收获和感悟。

一个人在社会中,要想在事业上取得成就、有一定的贡献,那你就不能有"明知不可为而为之"的顽固想法。既然不可为、无法做,或者做不到,不如早些觉悟,立即止步,这样才不致于浪费你的时间、精力、感情,避免出现到最后两手空空的结局。

不如变换思维方式,换个角度,也许会收到更好的效果。当个人能灵活地处理问题时,往往视野也会随之变得更广阔。当你改变了思维方式的时候,便会觉得眼前豁然开朗。

其实,做到这些并不困难,只要能有意识地去培养,你就能做到。

吃葡萄时悲观者从大粒的开始吃,心里充满了失望,因为他所吃的每一粒都比上一粒要小;而乐观者则从小粒的开始吃,心里充满了快乐,因为他所吃的每一粒都比上一粒大。悲观者决定学着乐观者的吃法吃葡萄,但还是快乐不起来,因为在他看来他吃到的永远都是最小的一粒;乐

第七章
心态的适应,才是真正的适应

观者也想换种吃法,他从大粒的开始吃,依旧感觉良好,在他看来他吃到的总是最大的。

如果你是那个悲观者的话不妨不去变换吃法,而是换种眼光。

有这样一个笑话,一位已经年近古稀的农夫说:"我的力气和壮年时一样大!"别人都惊疑地看着他,他进一步解释:"想想那块大石头我壮年时抬不动,现在还是抬不动。"不要以为你的眼光没有达到某个目标就以为它一直没有改变,其实你的眼光一直在变,只是你没有察觉到而已。

也许是你给自己眼光定下的参照物在变化,所以你才忽略了事物的变化。不要因此而产生悲观的情绪,这反而会损害"视力"。

一位病人找到眼科大夫:"医生,我不能念报纸。"医生给他检查以后安慰他:"没关系,你的眼睛近视,配一副眼镜就可以解决问题了。"病人惊喜地问:'真的吗?我配眼镜以后就可以看报纸了?"医生笑着肯定。病人戴上配的眼镜后拿起一张报纸来。"医生,我还是不能念。"医生奇怪地又仔细检查了病人的眼睛:"不可能呀?你真的只是近视而已。"病人回答:"可是我不识字。"

所以有时是你自己没有区分好"看不懂"与"看不见"之间的区别。

你的目光放在那里,你的注意力也会集中在那里,所以应慎重选择你注视的方向。

你的时间、精力都是有限的资源,不能够供你任意挥霍,所以你最好只关注那些对你有重大意义的人或事,为一些并不重要的东西分散精力和眼力是得不偿失的。当然在学会关注之前你要先学会如何区分重要与不重要。

事业并不一定是指拥有雄厚实力,手下员工成百上千,呼风唤雨。对一名主妇来说,经营家庭何尝不是一项事业;对一名教师来说,桃李满天下又何尝不是一种事业。所以对事业的眼光,尽可能要放得轻松。没有人能遏制你什么,局限你的只是你对事业的偏见。

感情不光仅仅指令人目眩神迷的爱情,还有血浓于水的亲情,四海之内皆兄弟的友情。缺乏任何一种感情,人生都是一种缺憾。

不要太过于关注于金钱的价值。套一句俗话,钱不是用来爱的,是用来花的。把眼光过多投注于金钱上,眼界也会变得斤斤计较起来。

命运对每个人来说,都是一个需要用一生时间去解答的问题。既然如此,我们大可不必时时把命运前程放在眼前不停揣摸,反正一切都会有个结果,不妨多看看周围缤纷的大千世界。

眼光决定人生,这种说法一点也不夸张。

你眼光独到,必然更容易获得成功;

你眼界狭隘,必然容易走进死胡同中;

你眼光散漫,自然无法集中全力去做好一件事;

反之,你想拥有什么样的人生,就需要用什么样的眼光去看待一切。

人面对社会,只能去适应。太强的主观能动性经常会使一个人迷失自我,以为凭自己的努力可以改变一切。到头来终会发现自己在整个社会面前是一个微不足道的小角色,微小的如同地上的蚂蚁。用独到的眼光看待问题,活出自我,那才是我们的目的。

8.你若希望掌握未来,就必须活在当下

公元79年8月的一天,古罗马帝国最繁荣的城市之一庞贝城因维苏威火山爆发而在18小时之后消失。2000年后,人们在重新发掘这座古城的时候,在一只银制饮杯上发现刻着这样一句话:"尽情享受生活吧,明天是捉摸不定的。"

第七章
心态的适应,才是真正的适应

一个人活着,昨天已经成为历史,成为过去,只能通过回忆来感悟;而明天尚未到来,只能通过憧憬来表达希望;唯独今天才是最容易被我们把握、也是我们真真切切拥有的时刻,更是决定我们事业成败、创造幸福生活的时刻,是人生中最有意义的时刻。因此,一个人,只有活在当下,才是找到了实实在在的真我,才能体验生命的意义,实现人生的价值。

昨天不过是一场梦,明天只是一个幻影,今天才是生命的源泉,才是最值得我们珍视的惟一时间。生活在今天,可以让昨天变成快乐的梦,让明天变成有希望的幻影。

生命是不可能倒转的。两千多年前孔子,曾面对大河,说了一句:"逝者如斯夫,不舍昼夜!"发出了生命一去不可返的无奈感叹。我们为什么不趁自己活在今天的时候,好好享受今天,好好奖励一番自己呢?

一个人如果不能很好的把握现在,就不可能创造光辉灿烂的未来。所以,对任何人来说,现在才是最重要的,没有了现在就没有过去和未来,把握当下就等于把握了未来。在没有经历太多的人世沧桑,没有遭遇太多的坎坷时,很多人会认为自己只是芸芸众生中一个普通的存在。我们羡慕他人的出色与成功,追求更好的生活,不惜放弃原有安稳的幸福。当曾经的理想希望,曾经的豪情壮志,都似那河流中礁石的棱角,经历岁月的冲刷变得不再锋利而愈加平滑时,当自己不再有能力追求时,或许连原有的安逸都一并失去了。

所有值得怀念的或是不值得怀念的日子,就这么像流水一样一天天过去。尽管不似白开水一般平平淡淡,却也未曾有过轰轰烈烈。无数的"现在"从我们指尖悄悄滑落,成为无可奈何的"过去"。我们之所以还这么平凡甚至平庸,之所以还这么郁闷甚至困苦,其实很大程度上是因为我们没有把握好每一个"现在"。

先哲无意间在古罗马城的废墟发现了一尊"双面神"神像。于是问:"请问尊神,你为什么一个头,两副面孔呢?"

双面神回答:"因为这样才能一面察看过去,以记取教训;一面展望未

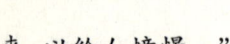 适应力——你可以不怕改变

来,以给人憧憬。"

"可是,你为何不注视最有意义的现在?"先哲问。

"现在?"双面神茫然。

先哲说:"过去是现在的逝去,未来是现在的延续,你既然无视现在,即使对过去了若指掌,对未来洞察先机,又有什么意义呢?"

双面神听了,突然号啕大哭起来。原来他就是没有把握住"现在",罗马城才被敌人攻陷,他因此被视为敝屣,遭人丢弃在废墟中。

"现在"是最重要的,"现在"是存在的本质。一切从现在做起,把握住当下才是人生成功的关键。

无论做什么事情,只要从现在开始就无所谓太早或太迟,从一个行动开始,只要坚持下去必定会有所收获。就像播下什么样的种子就会收获什么样的果实一样。只要我们从现在开始播下一个行动,把过去的收获和未来的憧憬连接起来,就会得到一生的充实!

哈佛大学曾在一群智力与年龄都相近的优秀青年人之中进行过一次关于人生目标的调查,调查结果如下:

3%的人有自己清晰的目标,后来他们几乎都成了社会各界的精英、行业领袖;10%的人有清晰但比较短期的目标,后来他们几乎都是各个领域的成功人士,生活在社会的中上层,事业有成;60%的人只有一些模糊的目标,后来他们基本上属于社会的大众群体,生活在社会中下层,事业平平;27%的人没有目标,后来他们过得很不如意,工作不安定,常常抱怨社会,抱怨政府,怨天尤人。

由此可见,目标对于一个人的成功起着主要的作用。你心中有多大的目标,才会获得多大的成功!你今天的生活状态,就是你过去的目标!

谭盾从小就有一个梦想,那就是做一个享誉世界的音乐家。所以当他

第七章
心态的适应，才是真正的适应

在国内音乐界小有名气的时候，毅然只身一人，前往美国深造。

刚开始，为了生计，谭盾必须到街头拉小提琴卖艺来赚钱。在街头卖艺跟摆地摊一样充满了竞争，只有争着好地盘才能赚到钱。很幸运地，谭盾认识了一个黑人琴师，他们一起争到了一个最能赚钱的地盘，一家商业银行的门口，那里人潮涌动，而且几乎每个人口袋里都揣着钱！

过了一段时间，谭盾赚到了不少卖艺的钱之后，就和黑人琴师道别，因为他来美国的目的不是在街头卖艺挣钱，他是为了一个远大而高尚的目标来美国的，他要进大学进修，在音乐学府里拜师学艺，将全部精力投入到提升音乐素养和琴艺中去。

十年后，谭盾终于凭借自己卓越的音乐才华和不懈地努力，在国际音乐界崭露头角。他为电影《卧虎藏龙》所作的背景音乐获得奥斯卡最佳音乐奖，成为了享誉世界的音乐家。有一次，谭盾路过那家商业银行，又发现了那位黑人琴师，他仍在那"最赚钱的地盘"拉琴，他的表情一如往昔，脸上露着得意、满足和陶醉。当他看见谭盾时，很高兴地停下拉琴的手，热情地说道："兄弟，好久不见了，现在在哪里拉琴啊？"谭盾回答了一个很有名的音乐厅的名字，黑人琴师问道："那家音乐厅的门前是个好地盘，好赚钱吗？"

谭盾笑着回答："还好，生意还不错。"

谭盾没有告诉黑人琴师自己取得的成就，因为他看得出，即使告诉了黑人琴师，黑人琴师也不会有什么触动，他会在这个地盘拉一辈子的琴。

谭盾的成功启示我们：世界为那些有目标和远见的人让路。如果一个人心中拥有了明确的目标，就会产生向前的动力，动力指引行动，有所行动才会成就事业！

所以，每一个初入社会的新人，都需树立自己明确的目标。而制定目标，必须切合实际，只有这样才能沿着正确的方向前进。不然，可能会南辕北辙，劳而无功。确定目标之后，就应抓紧时间付诸行动，如果你只是把目标拿在手中赏玩，那它什么也不是，甚至会变成一剂迷魂药，使你迷醉在幻想之中，碌碌无为。

✓ 适应力——你可以不怕改变

将目标付诸行动时,制订一个期望目标达成的日子。将这个日子写下来,并且拟定那时与此刻必须做的所有工作的日程表,比如,你决定两年之内当上销售部经理,那么你就要写下今年要达到的目标(比如成为业务主管),再订出每个月要实现的销售业绩,以及每周甚至每天要做的事。

日程表要常做,要知道自己"下一步"该做什么,要能随时采取走向目标的下一步行动。设下日程表后,就要马上采取行动,并每天衡量进度,经常检验结果,这样不但有利于你纠正工作中的错误,还可以用不断上升的成果鼓励自己,以坚定自己的信心,最终实现目标。

9.信念是人生恒久的罗盘

世界上只有一种标是随风而动的,那就是风向标。

如果将风向标比喻成人生,你会发现它是很累的,六神无主、无所适从,永远在风的控制下摇摆不定。

对于像风向标一样生存的人来说,人言、专家的论断、众口烁金的定律、游戏规则以及当下的潮流、市场形势等等都是不可抗拒的,他在这些影响下随波逐流,而没有自己真正的方向。

但是拥有高远志向的人,却有着一个不可动摇的坐标。他们有自己的方向,决不会摇摆不定。

信念守恒的人,始终如一、孜孜不倦,他们从不为外界所迷惑,而是步步为营,永不停步地朝着自己的目标努力。

有个年轻人来到集市上,买了一只山羊,他牵着羊,走在街上。

几个骗子看见了,其中一个对他说:"你牵着这只狗干什么?"

"别开玩笑,这是一只山羊。"

第七章
心态的适应,才是真正的适应

他牵着没走几步,迎面又过来一个骗子。

"你为什么牵着狗哇?你要这狗干嘛?"

"这是山羊!"他冒火了。

不过,他开始动摇了:会不会真是一条狗呢?他低头看看这只长着黑胡子的东西,狐疑:狗?这明摆着是一只山羊嘛!不过……

又走了几步,他听见有人在喊:"喂,小心,别让这条狗咬着!"

"天哪,我真糊涂!"这人终于大叫起来:"我怎么会把它当成山羊买来啊!"他信了骗子的话,把山羊扔在大街上了,那几个骗子捉住山羊,吃了一顿烤羊肉。

当然,这只是一个故事。但现实生活中常常会出现这种情况:你要做一件事,拿到了一个好项目,决定做下去,然而,身边的人一致认为"不保险"、"不可为"。于是,你相信了他们的话,结果是你把一只肥羊当做瘦狗放掉了。

正所谓众智成愚,当你没有自己坚定的信念,而随别人的意见左右摇摆时,只能让很多本来可行的事,莫名其妙地变成了"不行"。

我们生活中有很多这样的人:小学一年级时小小班头儿,中学时的团支部书记,毕业后处长、局长、市长……一路攀升到人生的制高点。

其实他的成长很可能只是源自孩童时老师的一句赞扬。

老师表扬他是:"好样的,全班的带头人!"

大人都夸他:"这孩子将来一定当大官儿!"

他得到一种来自方方面面的"高标准,严要求",他知道自己必须做得更好,将来才能"当大官"。

他觉得自己与众不同,有一种坚定无比的信念,而这信念约束着他的言行,也督促着他的上进心,直到他一步步走向成功。

当信念逐渐演化成一种良好的习惯时,无论任何时候,遇到怎样的挫折,人都会坚定不移。10年,20年,永远保持这个样子积极上进,永不放松。

纽约州的黑人州长罗尔斯说过:"信念是免费的,人人都可以获得。"

罗尔斯这位纽约州历史上第一位黑人州长,却是出生在纽约声名狼

适应力——你可以不怕改变

藉的大沙头贫民窟。在这儿出生的孩子,长大后很少有人获得较体面的工作。因为在大多数纽约人的眼中,这里的黑人,不是抢匪就是流氓。然而,罗杰·罗尔斯却是个例外,他不仅考入了大学,而且还成了州长。在他就职的记者招待会上,罗尔斯对自己的奋斗史只字不提,他仅说了一个非常陌生的名字皮尔·保罗。后来人们才知道,皮尔·保罗是他小学的一位校长。

1961年,皮尔·保罗被聘为诺必塔小学的董事兼校长。当时正值美国嬉皮士流行的时代。他走进大沙头诺必塔小学的时候,发现这儿的穷孩子比"迷惘的一代"还要无所事事,他们旷课、斗殴,甚至砸烂教室的黑板。当罗尔斯从窗台跳下,伸着小手走向讲台时,皮尔·保罗说:"我一看你修长的小拇指就知道,将来你会是纽约州的州长。"当时,罗尔斯大吃一惊,因为长这么大,只有他奶奶让他振奋过一次,说他可以成为5吨重的小船的船长。这一次皮尔·保罗先生竟说他可以成为纽约州州长,着实出乎他的意料。他记下了这句话,并且相信了它。从那天起纽约州州长就像一面旗帜,在他的生命中高高飘扬。他的衣服不再沾满泥土,他说话时也不再夹杂污言秽语。他开始挺直腰杆走路,他成了班主席。在以后的40多年间里,他没有一天不按州长的身份要求自己,并用自己的高尚行为处处影响黑人们的的生活习惯。51岁那年,他真的成了州长。

他在就职演说中说:"在这个世界上信念这东西任何人都可以免费获得,所有成功最初都是从一个小小的信念开始的。"

历史上农民起义领袖陈胜一句"王侯将相宁有种乎?"给后人以无限启迪。两千多年来,不知有多少没有根基的人,在这句真理的鼓舞下,成为了影响一个时代的"王侯将相"。

有了信念的支持,你的人生就拥有了恒久的动力,它指引着你走向成功。

信念好似灯塔上的明亮光芒,在朦胧浩淼的人生海洋中,指引着人们从黑暗走向辉煌。高高举起信念之旗的人,对一切艰难困苦都无所畏惧。

一个人拥有绝对的信念是十分重要的,拥有信念,力量就会油然而生。

有这样一件事。因耐人寻味而更加警策人心。

第七章
心态的适应,才是真正的适应

1953年,世界著名游泳选手弗洛伦丝·查德威克计划从卡德林那岛游向加利福尼亚。两年前,她曾成功地只身横渡英吉利海峡,现在她想再创一项非同凡响的纪录。

就在这一年的某一天,当她游近加利福尼亚海岸时,嘴唇冻得发紫,全身一阵阵颤抖。她已经在海水里浸泡了16个小时,前面雾气霭霭,看不见海滩,而且也难以辨认伴随她的小艇。

查德威克感到自己已精疲力尽了,更使她灰心的是在茫茫大海中找不到目标。她感到再也难以支撑了,于是向小艇上的人请求:"把我拖上来吧,我不行了。"艇上的人劝她再坚持一下:"只有一英里了。目标就在眼前,放弃就意味着失败。"浓雾使查德威克看不到海岸,她以为别人在哄骗她。"把我拉上来吧。"她再三请求。

于是冻得发抖、浑身湿淋淋的查德威克被同伴拉上了小艇。

后来查德威克很后悔,她告诉记者:如果她看到了海岸,就一定会坚持到终点。大雾阻止了她夺取最后的胜利。

但这件事过了不久,查德威克认识到,其实,妨碍她成功的不是大雾而是她内心的疑惑。是她自己让大雾挡住了视线,迷惑了心灵,先是对自己丧失了信心,然后才被大雾俘虏了。

两个月后,查德威克又一次尝试着游向加利福尼亚。浓雾依然笼罩在她的周围,海水冰冷刺骨,同样还是望不见海岸。但这次她坚持了下来,她知道陆地就在前方,她奋力向前游,因为,陆地就在她的心中。最后她成功了。

查德威克在两次自我能力的挑战中,信念最终使她战胜了内心的恐惧和失望,最终征服了海峡也征服了自己。

任何人都可以把梦想变为现实,但首先你必须拥有能够实现这一梦想的坚定信念。千万不要让形形色色的雾遮挡住你的双眼,击败你的信心。

适应力——你可以不怕改变

10.学会取舍,学会放下,生活由此不同

　　常听有人好言相劝:"拿得起放得下",这是一种生活的态度。人生就是这样,有许多玄奥之处。该坚持的时候坚持,该放下的时候要学会放下。

　　有时候放下并非意味着失去,而是意味着拿起了另一把开门的钥匙,要用这把钥匙去开启另一道人生之门。

　　有一则寓言,讲一只乌鸦,找到了一块很大的食物,觅到这个食物对它来说很不容易,然而一群乌鸦发现了,都盯着它。这只乌鸦不能把这个食物放下,因为那样别的乌鸦就会抢走它的食物,而它也不能将食物一口吞下去,因为那很有可能会噎死自己。于是,这只乌鸦就一直叼着它,试图去找一个安静的、自己可以独吞的地方。这只乌鸦高高飞起,可是别的乌鸦看到它嘴里有东西便蜂拥而起,向它追踪而来。它飞到哪儿,它们就追到哪儿,也许是因为它叼着太累了,也许是喘气喘不匀了,终于它支撑不住了,那块食物从嘴上掉了下去。在很多的乌鸦中,有一只眼疾手快突然冲了上去,率先把那食物抢到了自己的嘴里。于是,这只乌鸦就变成了前一只乌鸦,它又叼住食物不断地飞直至食物掉下来……

　　这一群乌鸦,它们为什么吃不到食物,因为它们过于贪婪,不愿与大家分享,别人吃不到,它自己也吃不到。

　　在英国,有位孤独的老人,无儿无女,又体弱多病,于是他决定搬到养老院去。老人宣布出售他漂亮的住宅,购买者闻讯蜂拥而至。住宅底价8万英镑,但人们很快就将它炒到了10万英镑,而且价格还在不断地攀升。老人深陷在沙发里,满目忧郁。是的,要不是自己健康状况不佳,需要有人照顾,

第七章
心态的适应，才是真正的适应

他是不会卖掉这栋陪他度过大半生的住宅的。

一个衣着朴素的青年来到老人眼前，弯下腰，低声说："先生，我也好想买这栋住宅，可我只有1万英镑。但是，如果您把住宅卖给我，我保证会让您继续生活在这里，和我一起喝茶、读报、散步，天天都快快乐乐的。请相信我，我会用整颗心来照顾您！"老人颔首微笑，把住宅以1万英镑的价钱卖给了这位青年。

那位年轻人，虽然没有足够的钱，却拥有一颗善良的心和肯于负责的精神；那位老人，已经不在乎晚年拥有多少财富，只想寻求自己晚年的安度；两个人都肯于放弃一部分不那么需求的东西，于是都梦想成真。生活并非到处是冷酷的厮杀和欺诈，斤斤计较、抱残守缺、唯利是图、自私自利，这些都是生命不能承受之重。智慧的人懂得适时取舍，勇于放弃，拥有一颗爱人之心，生活由此不同。

人生中有些东西是必须要放下的。生活中有许多的东西如同乌鸦嘴中的食物，香甜诱人，但不能痴迷和独享，比如名利、权位、金钱，等等。你要去发展，你要去拼搏，你要去进步，这是正常的，没有人可以阻拦你，但要善于平衡自己，不能陷入痴迷。

人生难免有一些事物难以放弃和割舍：

第一是财放不下。是财就要，很多人常常因为这个自食恶果。是财就要，但，那个财属于你吗？即便你得到了，就会因此而幸福吗？正所谓"奢者富不足，俭者贫有余"。

第二是情放不下。放不下感情的纠葛，就会使自己深陷其中。如果你有一份真心，就会把这份真情与你身边的人分享；如果你是自私的，就会总想着从别人那里索取。应时时告诫自己：珍惜自己拥有的，见异思迁就没有深厚的爱；舍去不属于自己的，才能得到更好的。

第三是名放不下。人一定要有名，但这个名应是高尚的、纯洁的，而不是孜孜以求，爱名如命。人活着，不可只为了追名逐利，还有许多比名利更为珍贵的事物。"非淡泊无以明志，非宁静无以致远"。淡泊于名利的沉浮与

适应力——你可以不怕改变

得失,以自己的生存理念和生活方式,平静地对待生活,面对朋友、同事和亲人。不卑微、不凡俗,不为名利所累,不为人间的蜚短流长所左右,宠辱不惊,快乐地工作,真实地生活,这样才会拥有幸福人生。

第四是忧愁放不下。很多人总是活在过去,过去的事情已经发生了,我们无力改变。人,不可以没有记忆,但绝不能只为记忆而活。从某种角度来说,昨天的挫折和不幸对我们是一种打击,但同时也是一笔财富。整日沉浸于过去,为昨天而流连忘返或是耿耿于怀的人,只会被时间慢慢吞噬,成为岁月的奴隶。

人生在世,有许多东西是需要不断放下的。人的一生,就是一个不断学习放下的过程。在仕途中,只有放下对权力的追逐,才能得到宁静与淡泊;在淘金的过程中,只有放下对金钱无止境的掠夺,才能得到安心和快乐;在春风得意、身边美女如云时,只有放下对美色的贪恋,才能得到家庭的温馨和美满……

生活中,那些什么也不肯放下的人,往往会失去更多珍贵的东西。

大学开学的第一天,教授给同学们上了别开生面的一课。他站在讲台上,平举着双手,没有说任何话。

所有的同学们都为教授的这一举动感到好奇,这时,教授说话了:"同学们,你们看我的手里有什么东西吗?"

"没有。"同学们一起回答,教授又问:"我手上现在承受着多大的重量呢?"

"0克。"同学们异口同声地回答。

教授顿了顿又问:"如果我的手一直以这样的姿势,10分钟后会发生什么事情呢?"

"什么事情都不会发生。"同学们回答。

"如果我的手这样托一个小时,会发生什么事情呢?"

"你的手臂会疼。"有一个学生回答。

"你说得对,"教授点了点头,"如果一直这样托一整天呢?"

第七章
心态的适应，才是真正的适应

"你的手臂会变得麻木，肌肉会严重拉伤和麻痹，最后肯定得去医院。"有同学在底下说道。

"是的，也许这样一整天后，我真的就得去医院了。但是，在这期间我手上的重量变了吗？"教授问道。

"没有。"同学们回答道。

"那么，在我的手臂开始疼痛之前，我应该做些什么呢？"教授问道。

同学们有些疑惑不解，这时，有个同学说："把手放下呀！"

"说得很对！"教授一边将双手放了下来，一边说，"在生活中，我们可能会遇到各种各样的问题，就像我刚才平举双手那样，时间长了，就会双臂麻木，肌肉拉伤。因此，我们要学习放下。生活中，之所以有很多人不开心、不快乐，就是因为他们没有学会放下。其实，人生就是一个学习放下的过程，放下对权力的执著，我们才能收获宁静和淡泊；放下对金钱的贪恋，我们才能收获安心和快乐；放下对他人的怨恨，我们才不会一直生活在痛苦中……只有学会放下，我们的心灵才会充满阳光和温暖，才能快乐地生活。"

停顿了一会儿，教授又接着说："同学们，今天是你们大学生活的第一课，我希望你们能记住我今天所说的话。当你们遇到烦恼、不开心、不快乐的时候，要学会放下，只有这样，你的生活才能永远充满阳光。"

就像这位教授所说：我们只有学会放下，才能使自己生活得更加幸福、快乐。可是大多数人，生活富裕了，烦恼却越来越多；收入增加了，快乐却越来越少。快乐与否只是一种感觉，烦恼的多少，主要取决于自己的心态。一个人能否生活得快乐与幸福，关键就看他是否学会了放下。

有这样一个故事：两个和尚外出化缘，路过一条河。在河边，他们看到一个女子看着河水发愁，他们过去一问才知道，原来那个女子要过河，可是河流湍急，她担心自己过不去。

这时，比较年长的和尚告诉她："这样吧，女施主，我来背你过河。"女子同意了，于是他背着女子过了河。过河后，女子对他们说了很多感激的话，

适应力——你可以不怕改变

然后就离开了。

之后,两个和尚继续赶路。年纪较轻的和尚说话了:"你太不像话了,佛门弟子,不应该亲近女色,而你却背着一个女子过河,这实在是有违门规,等回去以后我得告诉住持这件事情。"年长的和尚听到这话以后大吃一惊,说:"你说什么呢?我早就把她给放下了,你怎么还没放下呢?"

从这个故事中可以看出,放下是一种心态的选择,该放下时要放下。在人生旅途中,如果我们总是将成败得失、功名利禄、恩恩怨怨、是是非非都牢记于心,让那些伤心事、烦恼事、无聊事困扰着我们,那就相当于是背上了沉重的包袱、无形的枷锁,生活必然会很辛苦。此时,我们要做的,就是学会放下。放下种种,才能轻装上阵,才能在日后的生活中不为外物所累。

佛经上说,"如何向上,唯有放下。"只有学会了放下,我们才能从容地面对生活的诸多变故,心境才会云淡风轻。

对于放下,很多人有着不同的看法。其实,放下是一种智慧的选择。处事时,该放就放,该断就断,不要因小失大。放下是一种随其自然的心态,人生总是在取舍之间,面对不同的选择,应学会放下,学会满足,这是智者的心态,也是成功的阶梯。

放下,更是一种生活的智慧,也是一门心灵的学问。放下的过程或许很痛苦,但是疼痛之后却是轻松,你会活得更加从容。所以,请适时放开你紧握的手吧!在我们生活的每一个进程中,在情感历程的每一个岔路口……整理好心情,继续向前,前面还有更精彩的风景在等待着你去欣赏,正确的放下是另一种获得!